等风来，不如追风去

辉浩◎著

在人生奋斗的路上等风的人，又何尝不是追风的人！追风的人，又怎能不经历等风；等风来不如追风去，靠别人不如靠自己！

中国商业出版社

图书在版编目(CIP)数据

等风来,不如追风去/辉浩著. —北京:中国商业出版社,2017.10

ISBN 978-7-5208-0025-9

Ⅰ.①等… Ⅱ.①辉… Ⅲ.①成功心理-通俗读物 Ⅳ.①B848.4-49

中国版本图书馆 CIP 数据核字(2017)第 220635 号

责任编辑:朱丽丽

中国商业出版社出版发行

010-63180647 www.c-cbook.com

(100053 北京广安门内报国寺 1 号)

新华书店总店北京发行所经销

三河市金轩印务有限公司

* * * *

880 毫米×1230 毫米 32 开 8.5 印张 140 千字

2017 年 11 月第 1 版 2017 年 11 月第 1 次印刷

定价:36.80 元

* * * *

(如有印装质量问题可更换)

前　言

人的一生不是一帆风顺的，因为前面既没有一条踩好的路等着你去走，也没有固定的方向指引你前进，一切都要靠自己去摸索，经验要靠自己在实践活动中积累。如果等别人、靠别人，那么你可能永远不会走出自己的路，更谈不上做成什么大事。所以，人生路要靠自己走，事要靠自己做，梦想要靠自己去追求。

生活是公平的，不会辜负每一份努力，每一个艰苦卓绝的现在，终将有掌声雷动的未来。努力了，付出了，总会有回报。从一定程度上讲，努力是你活在这个世界的标志和意义，无论怎么的无可奈何，你只要放弃了努力，那么就意味着你放弃了自我，放弃了成功，自甘沦落为一个失败者，这个世界对你来说没那么重要了。

相反，如果你选择了坚持不懈的努力和追求，愿意为目标付出一切，不达目的誓不罢休，那么总有一天你会与成功牵手，也必定会由此获得丰厚的人生回报，那时，鲜花、掌声、荣誉会铺天盖地而来，让你的人生熠熠生辉。

事实上，要做好每一件事，收获每一份回报，就必须去努力，你不努力，谁也给不了你想要的生活。生活不会辜负每一份真诚的付出，但同时自然也不会偏袒无所事事、不求上进的人，你想要过想象中的生活，就一定要拼搏努力，靠自己的努力赚取未来。除此之外，别无他法。

在努力奋进中，会有很多前行的障碍，都要尝遍酸甜苦辣，让灵魂承受生活的摔打，接受磨难的摧残，其实这就是现实生活，这种生活既没有想象中的那么好，也没有想象中的那么坏。虽然面对现实的生活，你坚强，未必都会梦想成真，但至少还有希望；你不追求，就一点希望也没有，你的人生注定也是失败的人生。

所以，即便存在一千个理由让我们黯淡沉沦，我们也必须一千零一次地选择追求。坚强地活着，体会着生命中每一次心灵的阵痛和改变，回忆着往事，我们也能找到一种安慰：我们在一天天变强。学会坚强和勇敢地追求吧，因为你不坚强，没人替你勇敢，更得不到你想要的生活。所以，当你感到痛苦的时候，不要再哭泣，也不要指望谁来拯救你，相信自己的不懈追求，才能让你的希望有可能成为现实，让你的付出收获价值万金。

阅读这本《等风来，不如追风去》，或许对你的人生有所启迪，对你的事业有所帮助。等待就是懈怠，迎风赶上去，就会圆自己的人生梦。

目　录

Chapter1　等谁靠谁，也不如靠自己

人的一生不可能一帆风顺，因为前面既没有一条踩好的路等着你去走，也没有固定的方向指引你前进，一切都要靠自己去摸索，经验要靠自己在实践活动中积累。如果靠别人，那么你可能永远只是大树下的小树，弱不禁风，失去了成为参天大树的机会。而且别人也不一定靠得住，没有人会扶着你一步步地走，或者为你拨开荆棘，让你一路平坦。所以，人生路是要靠自己走的。

靠别人不如靠自己 / 002
你就是自己的救世主 / 005
别把希望寄托在别人身上 / 008
自己要有站着的能力 / 010
自己才是生命中的主角 / 012
学会编织自己的人生遮雨伞 / 015
自己的苦只能自己扛 / 018
别人能做到的你也能做到 / 021

不要让消极影响你的心态 / 024

Chapter2　选准路线，跪着也要走下去

生活是由无数个变数组成的。事情的变化有时很难说是好是坏，但若想把握未来的生活，首先要找一条适合自己的路。在困难与坎坷面前，我们一定不能把时间浪费在选择前进或后退的挣扎上，既然认准了前方的目标，就一定要勇往直前，哪怕摔出了眼泪，哪怕摔疼了心，也要爬起来，拍拍身上的尘土，继续向前走下去。

认准了路就不要回头 / 028
在困难面前不屈服 / 032
成功是对失败的奖赏 / 036
失败后的再坚持就是成功 / 040
坚定信心，永不退缩 / 044
今天的不幸，预示着明天的好运 / 048
坚持到底就是胜利 / 051
相信自己，才能创造美好 / 055
不要怕，不要悔 / 058

Chapter3　克服依赖，宁可站着死绝不跪着生

翻开历史，我们可以知道，各行各业的成功人士，早年往往都是贫苦的孩子。成功是排除困难的结果，而生长于安逸环境中的年轻人，时常依附于他人而不懂得靠自己，自小被溺爱的年轻人，习惯躲藏在

父辈羽翼下的年轻人，是很少能够成功的。因此，要记住：命运只掌握在你自己手中，你就是主宰一切的上帝。

肯于吃苦，才能摆脱依赖 / 064
抛弃依靠想法，激扬生命风帆 / 069
认识自己才能重塑自己 / 072
学会经营自己的优点 / 075
坚信“我能行” / 078
有主见才会有远见 / 082
“全力以赴”而不是“尽力而为” / 086
吃得苦中苦，方为人上人 / 090
强化自尊和自信 / 095
生命的活力在于折腾 / 099

Chapter4　等待机遇，不如去努力创造

机遇从来不怠慢人，只有人怠慢机遇。机遇是靠自己争取、创造来的，别人给不了，也等不来。有时机遇看似遥远，其实它就在身边，只要努力，用心去寻找，就会发现机遇就在前面拐角处静静地等着与你相会。但是如果你放弃努力了，放弃寻找了，就会失去原来属于你的机会。可见，机遇只垂青于那些懂得怎样追求它的人。

与时俱进，捕捉机遇 / 104
准确地把握好机遇 / 107

变被动为主动 / 112
适合自己的才是机遇 / 115
抢时机，靠速度 / 118
在小事中发现你的机遇 / 122
把握机遇要靠自己的努力 / 126
机遇靠主动去争取 / 130
机遇需要慧眼识别它 / 133

Chapter5 成就梦想，付出要超越别人的努力

成功是每个人都期盼的，但在奔向成功的道路上，每个人因经历、能力、境遇不一样，其结果也千差万别，最后我们总是发现只有少数人成功了，而绝大多数人并没有得到理想的结果，甚至还遭遇了损失。那么，获取成功真的有这么难吗？

其实不然，用成功学大师希尔的话说：成功很简单，它只需两样东西：一个是勤于思考的大脑，一个是勤劳的双手。如果你认为你勤于思考了，你也有一双勤劳的手，最终却还是没有获得成功，这个答案就更简单了，因为你勤劳的程度还远远不够！成功意味着一种超越，你只有付出远远超过别人的努力，你才有资格实现这种超越。

梦想之花需用汗水浇灌 / 138
拥有属于自己真正的梦想 / 141
为梦想去奋斗 / 145
准确定位，才能发挥所长 / 150

聪明获得成功也需要努力 / 154
借助成功人士的力量，成就自己的伟业 / 158
成功就是把该做的事做到位 / 161
放下偏见，会得到意外的收获 / 164
发现机遇要具备前瞻性眼光 / 168
理想靠勤奋努力来获得 / 171
用新目标鞭策自己 / 174

Chapter6　出身卑微，也要创造不平凡的业绩

人生，虽然我们无法选择出身，但我们完全有理由相信：我的人生我做主！人生其实充满了神奇，有无数种可能的开始，同样也有无数种可能的结局，关键在于你对于自己的创造力。事实上，很多成功人士的人生起点同样很低，但他们能够把这种困境转换成动力，在平凡的起点上，铆足了劲攀上不平凡的高度。而这些人成功的关键因素就是，他们对于生活的态度以及做人的心态。

命运就在自己手上 / 178
没有伞的孩子，只能选择努力奔跑 / 181
想比别人过得好就要多努力 / 184
笨鸟要先飞 / 187
自尊不是贵族的权利 / 190
愤怒要回归到理性 / 193
心有多大舞台就有多大 / 195
理想决定人生的走向 / 199

Chapter7　实现价值，把工作当成事业做

当你有了一份工作之后，千万不要把工作仅仅当成一份职业，更不能当成一种副业，而要把工作当成事业来做。当职业与事业相重合时，人就充满了激情。

只有把工作当作事业干，才会兢兢业业，全职出力；才会潜心谋事、真心干事、全心成事；才会克服浮躁的情绪，克服好高骛远、急于求成的心态；才能有遇到困难不畏惧、不达目的不罢休的豪气。当你把工作当作事业时，你会有强烈的求知、求好、求发展的欲望，你会从中获得奋斗的快乐，也会在成就事业过程中成就自己的价值。

点燃心中的激情 / 204
做事要有百折不挠的精神 / 207
越努力的人路越宽 / 210
处理好与周围人的关系 / 213
把事情做得完美要有激情 / 216
你出色才能够做出色 / 219
把小事做好才有做大事的本钱 / 223
态度决定了事业的成败 / 226

Chapter8　事在人为，命运靠自己去改变

世界上人口众多，行业众多，组织也众多，而且人又都各有差异，这就决定了人在这个社会上的生活遭遇是不一样的，有的人可能生活顺畅，万事如意，而有的人可能生活困窘，不时地遭遇坎坷，正所谓“万千世界，精彩人生”。

人的好命歹命看似随意，但事在人为，并非天注定。外在环境可以影响你的命运，但你也可以通过努力来调整自己的人生方向，提高自己的适应能力和创造能力，进而改变自己的命运，沿着自己追求的方向努力寻找幸福的归宿。

把握好人生关键，也就把握了命运 / 230
向命运挑战 / 233
好运是争取来的 / 236
做个掌控自己命运的人 / 240
自己才是掌握命运的舵手 / 244
累坏自己总比放着朽坏要好 / 248
要改变命运，先改变心劲儿 / 251
选择了就要坚持到底 / 254
做事不能懈怠和敷衍 / 257

Chapter1
等谁靠谁，也不如靠自己

人的一生不可能一帆风顺，因为前面既没有一条踩好的路等着你去走，也没有固定的方向指引你前进，一切都要靠自己去摸索，经验要靠自己在实践活动中积累。如果靠别人，那么你可能永远只是大树下的小树，弱不禁风，失去了成为参天大树的机会。而且别人也不一定靠得住，没有人会扶着你一步步地走，或者为你拨开荆棘，让你一路平坦。所以，人生路是要靠自己走的。

靠别人不如靠自己

悬崖上，老鹰一次生下四五只小鹰，由于鹰的巢穴很高，所以老鹰猎捕回来的食物只能喂一只小鹰，而最终吃到食物的小鹰往往是抢得最凶的那一只。弱小的鹰因抢不到食物，最后就被饿死了。当幼鹰长到足够大的时候，鹰妈妈就会把存活下来的小鹰从巢穴里赶下去。当这些雏鹰开始坠向谷底的时候，它们就会拼命地拍打着翅膀来阻止自己继续往下落，最后，它们的性命保住了，因为它们掌握了生存的本领。

“物竞天择，适者生存”，这是自然界的不二法则。其实人类社会也和自然界一样，存在着优胜劣汰，同样只能靠自己、靠实力立足。有一句激动人心的话，很多人都耳熟能详：流自己的汗，吃自己的饭，自己的事自己干，靠天靠地靠祖先，不算是好汉。这是郑板桥留给他儿子的人生箴言。郑板桥老年得子，对其宠爱有加，病逝前希望吃儿子亲手做的馒头，当儿子费了九牛二虎之力做好送来时，他已溘然长逝，临终留给了儿子这句话，真乃至理名言！郑板桥如此疼爱儿子，临终也不忘告诫儿子一个可贵的道理：千靠万靠，不如自靠——天地万物之间，最能依靠的人是你自己。

人的一生不可能一帆风顺，因为前面既没有一条踩好的路等着你去走，也没有固定的方向指引你前进，一切都要靠自己去摸索，经验要靠自己在实践活动中积累。如果靠别人，那么你可能永远只是大树下的小树，弱不禁风，失去了成为参天大树的机会。而且别人也不一定靠得住，没有人傻到扶着你一步步地走，或者为你拨开荆棘，让你一路平坦。所以，人生路是要靠自己走的。

一个人在社会上打拼需要关系网，需要人脉，也需要机遇，但归根结底还是靠实力。一个人没有一定的实力，是很难在这个社会上立足的。大家都知道一个国家在国际中的地位靠的是综合国力，也就是说靠的还是一个国家的实力。一个公司是否能在激烈的竞争中生存下去，靠的也是实力。一个人是否能够取得成功，靠的还是个人实力。一个人的核心竞争力就是实力，一个人如果没有实力那就只会输得一败涂地。

假设一下，你掌握了一些手段，认识了一些重量级的人物，比如比尔·盖茨、巴菲特、奥巴马等，再比如张艺谋、成龙、周杰伦等，可以说这个时候你的人际关系够广够牛吧！但是如果你这个时候的身份只是一个穷要饭的，你想会出现什么情况呢？人家会睬你吗？人家会牺牲自己的时间、精力而去帮助你这个毫无回报能力的普通人吗？很多人交朋友的目的很实际，就是对自己发展有利的就积极结交，而对自己发展毫无帮助的，他们就会丢之弃之，将自己的时间、精力等节省出来做更多的事。这就是说，虽然你认识了这么多一流人物，但是想要利用人家手里的资源那就难了！他们根本不睬你，你每天过的仍是穷困潦倒的生活！

这就是社会的现实和残酷之处——靠人脉不如靠实力！在现代社会中，竞争压力何其大，没有人能够成为你永远的依赖，只有靠自己争取和努力，才能得到最坚实的依靠，才能在社会中立于不败之地。

你就是自己的救世主

依赖是对生命力的一种束缚，如果处处借助他人的力量帮助自己达成目的，那就好比建在沙滩上的大厦，没有坚实的基础，一阵海浪过来，就会毁于一旦。

人生道路需要我们自己用脚去行走，没有谁会一直甘心做你的支撑。无论是工作还是生活，谁会跟随你一生？谁会跟你形影与共？只有你自己。其实，每个人都可以成为自己的上帝，每个人也都应该成为自己的上帝，当人生迷失方向之时多问问自己："我该怎么办？我能怎么办？我会怎么办？"在你能对这些问题做出精确判断并着手进行解决时，你就是自己的上帝了。

有一个年轻的农村小伙子，他很厌恶那种面朝黄土背朝天的生活。于是，他放弃了原先的田地，独自来到城里闯荡。然而，他既没有学历，也没有技术，又好高骛远，所以几个月过去了，他始终没有找到一份合适的工作，身上带的钱又花光了，最后不得不沦为了乞丐。

一天，已沦为乞丐的他听人说，城里住着一位大师，只要诚心去拜访他，他就能给你一个改变命运的秘诀。

于是，小伙子四处打听，终于找到了那位大师。小伙子来到大师家里，大师并没有因为他是乞丐而怠慢他。相反，还礼貌地请他入座，并亲手给他倒上了一杯茶。然后，大师才微笑着问："我有什么能够帮助你的吗？"

小伙子十分感激大师的尊重，连忙说："您能告诉我一个改变命运的秘诀吗？我想变得富有起来。"

听完，大师略带疑惑地问："那你能告诉我，你为什么会沦为乞丐吗？"

这个小伙子顿感无比羞愧，他低下头喃喃说道："因为我厌倦了耕种，希望在城里找到一条发财的路子，然而一切并非像我想象得那样简单。"

大师不解地问："那你现在为什么不回到家里，重新开始呢？"

小伙子嗫嚅道："现在我都沦为乞丐了，还有什么脸面回去呢？多丢人啊！"

大师又问："那你现在家里还有什么呢？"

小伙子回答说："除了我这个人！就是几亩早已荒芜的土地了。"

此时，大师点了点头，说道："这两个条件足以使你改变命运了。你回家去吧。"

然后，大师递给小伙子一包花籽，解释道："等你拉一马车花瓣来，我可以告诉你一个炼金的秘诀，而花瓣就是炼金所必需的引子。"

小伙子千恩万谢地离开了大师的居所，毫不犹豫地回到了乡下。他不知疲劳地劳作，那些荒芜的土地重新被开垦出来。然后，他把大师交给他的那些花籽播种在里面。

第一年，他只采得了一竹篓花瓣，因为他留下了大半花朵任其成熟结籽。然后，继续扩大栽种。

第二年，他采集了满满一大马车晒制好的花瓣，来到城里。他再一次找到了大师，恳求说："炼金的引子，我已经弄来了，您可以告诉我秘诀了吗?"

大师看着那一马车晒制好的花瓣，颇为惊讶地说："这就是你炼出的金子呀!"

原来，这些花瓣是一种名贵的中药材。大师让他卖给城里的一些药铺，那些药铺见农夫栽种的药材成色好，而且价格还便宜，纷纷与他签订供货合同。

临走时，小伙子拿出很多钱来，欲送给大师，却被大师谢绝了。

小伙子异常感激地说："谢谢您，是您改变了我的命运，您是我的大恩人啊!"

大师却微笑着摇了摇头，说："不要谢我，感谢你自己吧！如果你不肯付出努力，谁又能救得了你呢?"

这个世界上，很多人就像那个小伙子一样，一心等待别人的帮助，以为只有借助外力，才能够改变自己"悲惨"的命运。你才是自己的救世主，如果你不肯付出努力，谁又能救得了你? 所以，当你自以为困难重重的时候，不要一直啜泣等待救世主的出现，因为你完全有能力改写自己的命运，你可以顽强地活下去，而且会活得更好。事实上，这个世界根本没有什么救世主，除了我们自己。

别把希望寄托在别人身上

现实就是这样残酷，这个世界上没有谁是你真正的靠山，你真正可以依靠的只能是你自己，当人生遭逢苦难之时，不要一心只想着去找“救命稻草”，你应该静下心来问问自己：“我能做什么，我会因此而得到什么?”你的未来，还需要你自己去努力。

有个中国大学生，以非常优秀的成绩考入加拿大一所著名学府。初来乍到的他因为人地两疏，再加上沟通存在一定障碍、饮食又不习惯等原因，思乡之情越发浓重，没过多久就病倒了。为了治病，他几乎花光了父母给自己寄来的钱，生活渐渐陷入困境。

病好以后，留学生来到当地一家中国餐馆打工，老板答应给他每小时 10 加元的报酬。但是，还没干到一个星期他就受不了了，在国内，他可从来没做过这么“辛苦”的工作，他扛不住了，于是辞了工作。就这样，他不时依靠父母的帮助，勉勉强强坚持了一个星期，此时他身上的钱已经所剩无几。所以在放假那会儿，他便向校方申请退学，急忙赶回了家乡。

当他走出机场以后，远远便看到前来接机的父亲。一时间，他的心中满是浓浓的亲情，或许还有些委屈、抱怨——他可从来没吃过这么多的苦。父亲看到他也很高兴，张开双臂准备拥抱良久不见的儿子。可是，就在父子即将拥抱在一起的一刹那，父亲突然一个后撤步，儿子顿时扑了个空，重重地摔倒在地。他坐在地上抬头望着父亲，心中充满了迷惑：难道父亲因为自己退学的事动了真怒？他伸出手，想让父亲将自己拉起来，而父亲却无动于衷，只是语重心长地说道："孩子你要记住，跌倒了就要自己爬起来，这个世界上没有任何一个人会是你永远的依靠。你如果想要生存、想要比别人活得更好，只能靠自己站起来！"

听完父亲的话，他心中充满惭愧，他站起来，抖了抖身上的灰尘，接过了父亲递给自己的那张返程机票。

他不远万里匆匆赶回家乡，想重温一下久违的亲情，却连家门都没有进便返回了学校。从这以后，他发奋努力，无论遇到多少困难、无论跌倒多少次，都咬着牙挺了过来。他一直记着父亲的那句话："没有任何一个人是你永远的依靠，跌倒了就要自己爬起来！"

一年以后，他拿到了学校的最高奖学金，而且还在一家具有国际影响力的刊物上发表了数篇论文。

别以为靠自己的力量不能将生命张扬，人生路上没有什么不可阻挡。别把太多的希望寄托在别人身上，没有人会永远保护你，父母终究会老去，朋友都会有自己的生活，所有外来的赐予必然日渐远离，要学着给自己温暖和力量，遇到困难不要灰心、不要抑郁，越是孤单越要坚强，生命的负重还要你来托起。

你要懂得，没有人替你勇敢，没有人可以一辈子为你而活，所以要自己学会坚强。

自己要有站着的能力

依附是将自我彻底埋没，在经营人生的过程中，它是一场削价行为。生命之本在于自立自强，人格独立方能使生命之树常青。依附他人而活，就算一时能博得个锦衣玉食，也不会安枕无忧，一旦这个宿主倒下，你的人生就会随之轰然倒塌。

依附对于某些人来说是一种生活的无奈，对于某些人来说是一种“好风凭借力，送我上青云”的所谓捷径，但无论如何，你要有自己站着的能力，否则就算有人真的愿意将你推向高峰，你也不可能在那挺立下去。在这个充满竞争的时代中，我们应该更多地丰盈自己的武器库，装满生存技能，才不至于一败涂地。所以，不要一直幻想着天降贵人，自己才是一切问题的关键，在时间无情的流逝里，我们所能保留、能永恒的莫过于自己。

曾看到过这样一则寓言，感慨良多：

一只住在山上的鸟与住在山下的鸟在山脚下相遇。山上的鸟说：“我的窝刚搭好，参观参观吧。”山下的鸟便跟着去了，到那一看——什么鸟窝？不就是光秃秃的石缝里放着几根干草吗？

“看我的去。”山下的鸟带着山上的鸟来到一家富人的花园。

“看，那就是我的窝。”山上的鸟仰头望去，果然看到一只精致的木制鸟窝悬挂在紫荆树梢，那窝左右有窗，门面南而开，里面铺着厚厚的棉絮。

山下的鸟自豪地说：“像我们这种鸟，有漂亮的羽毛，叫声又不赖。找个靠山是非常容易的。假如你愿意，以后我给你说说，搬这儿来住。”

山上的鸟没有回答，展翅飞走了，再没有回来。

不久后的一天，山上的鸟正在石缝窝里睡觉，听到门口有叫声，伸头一看，山下的鸟正狼狈地站在那儿。它身上的羽毛已不平整，哭丧着脸对山上的鸟说：“富翁死了。他的儿子重建花园，把我的窝给拆了。”

人活着，还有什么比依附于他人更低气？又有什么比依靠自己更长久？山下那只鸟依附在富翁家中，虽有一时的光鲜，却终敌不过石缝中的几根干草。与其依附他人，不如好好利用自身资源，求人往往需要付出很大代价，动用种种关系，比起向内求己，相信你知道哪个成本会更高。

再者，就算你所依附的人是个大善人，他也一定会首先照顾自己的利益，而且生活的本身也会有无数问题困扰他，他又怎能时时兼顾着你？所以，别时时想着依附别人，要知道，即使是你的影子也会在黑暗里离开你。

自己才是生命中的主角

为什么我们的眼睛都是朝着前方？那是因为我们要多看看别人，不要只看自己。为什么我们的两只胳膊都朝里面弯？因为我们要多靠自己，尽量不要依赖别人。可是，有些自以为聪明的人往往违背了生命的本意，他们的两只眼睛总是盯着自己是否得到了什么，而两只胳膊又总是伸向别人，去要求、去索取，就像寄生虫一样地活着。更有甚者，甚至索性用卑微的态度去博取同情，用抱怨的话语去求得认同，事实上，他得到的不是同情与认同，而是越来越重的鄙夷。到最后，连他自己都会在这些负面的念头中彻底沉沦。

我们来看看下面这则故事，看看那些可怜的人：

威廉姆斯走出办公大楼，身后突然传来“嗒……嗒……嗒……”的声音，很显然，那是盲人在用竹竿敲打地面探路。威廉姆斯愣了片刻，接着，他缓缓转过身来。

盲人觉察到前方有人，似乎突然矮了几厘米，蜷着身子上前哀求道：“尊敬的先生，您一定看得出我是个可怜的盲人吧？你能不能赏赐这个可怜人一点时间呢？”威廉姆斯答应了他的请求。“不过，我还有事在身，你若有什么要求，请尽快说吧。”他说。

片刻之后，盲人从污迹斑斑的背包中掏出一枚打火机，接着说道：“尊敬的先生，这可是个很不错的打火机，但是我只卖2美元。”威廉姆斯叹了口气，掏出一张钞票递给盲人。

盲人感恩戴德地接过钞票，用手一摸，发现那竟然是张百元美钞，他似乎又矮了几厘米：“仁慈的先生啊，您是我见过最慷慨的人，我将终生为您祈祷！愿上帝保佑您一生平安！先生您知道吗？我并非天生失明，我之所以落到这步田地，都是拜15年前迈阿密的那次事故所赐！”

威廉姆斯浑身一颤，问道：“你是说那次化工厂爆炸事故？”

盲人见威廉姆斯似乎很感兴趣，说得越发起劲：“是啊，就是那一次，那可是次大事故，死伤好多人呢?!”盲人越说越激动：“其实我本不该这样的，当时我已经冲到了门口，可身后有个大个子突然将我推倒，口中喊着‘让我先出去，我不想死！’而且，他竟然是踩着我的身子跑出去的！随后，我就不省人事，等到我从医院中醒来，就已经变成了这个样子！”

谁知，威廉姆斯听完以后，口气突然转冷：“肖恩，据我所知事情并不是这样，你将它说反了！”

盲人亦是浑身一颤，半晌说不出一句话来。威廉姆斯缓缓地说：“当时，我也在迈阿密化工厂工作，而你，就是那个从我身上踏过去的大个子，因为你的那句话，我这一生也忘不了！”

盲人怔立良久，突然一把抓住威廉姆斯，发出变调的笑声：“命运是多么的不公平！你在我身后，却安然无恙，如今又能出人头地，我虽然跑了出来，如今却成了个一无是处的瞎子！这灾难原本是属于你的，是我替你挡了灾，你该怎么补偿我?!”

威廉姆斯十分厌恶地推开盲人，举起手中精致的棕榈手杖，一字一句地说道：“肖恩，你知道吗？我也是个瞎子，你觉得自己可怜，但我相信我命由我不由天!”

遭遇相同，境遇却大相径庭。有人甘愿沦落，以落魄博取同情，有人自食其力，博得个满堂红。这便是“能人”与“懦夫”的区别。

那么，当你看见如这位盲人一般猥琐的人时，心中是否产生了厌恶感呢？请注意，不要让自己成为那样的人。抱怨再多，也不可能改变现状，唯有行动才能帮助你开辟一片属于自己的天地；处境再难，也不是沉沦的借口，同情不可能将你从深渊中拯救。不要让别人觉得你可怜，无论我们最终会成为什么样的角色，但你必须是自己生命中的主角。

学会编织自己的人生遮雨伞

你所有的不幸，只能算是生命之歌中一串不协调的颤音。通过调整与努力，仍然可以奏出动听的乐章，同样可以博得满堂喝彩！为你伴奏的人不必太多，不要总是把目光盯在别人身上，不该把别人的缺失当作自己堕落的理由。

一个人，如果不信任自我，不承认自我，不发展自我，他还能做什么？扶不起的阿斗，就算别人想帮，又能帮得了多少？人生这条路，没人能够抬着你走完，寄希望于自我才是最可靠的。

多年前，美孚石油公司董事长贝里奇到开普敦巡视工作，在卫生间里，他看到一位黑人小伙子跪在地板上擦水渍，并且每擦一下，就虔诚地叩一下头。贝里奇感到很奇怪，问他为什么要这样做？黑人小伙子回答说，他正在感谢一位圣人。

贝里奇为自己的下属公司拥有这样的员工感到欣慰，接着又问他为何要感谢那位圣人？黑人小伙子说，是圣人帮他找到了这份工作，使他终于有了饭吃。

贝里奇笑了，对他说："我曾遇到一位圣人，他使我成了美孚石油公司的董事长，你愿见他一下吗？"

黑人小伙子感激地说：“我是个孤儿，从小靠锡克教会养大，我很想报答养育过我的人，这位圣人若使我吃饭之后还有余钱，我愿去拜访他。”

贝里奇告诉他：“在南非有一座很有名的山，叫大温特胡克山。那上面住着一位圣人，能为人指点迷津，凡是能遇到他的人都会前程似锦。20 年前，我去南非登上过那座山，正巧遇到他，并且得到他的指点。假如你愿意去拜访，我可以向你的经理说情，准你一个月的假。”

这位黑人小伙子在 30 天的时间里，一路披荆斩棘，风餐露宿，过草甸、穿森林，历尽艰辛，终于登上了白雪覆盖的大温特胡克山，他在山顶上徘徊了一天，除了自己，什么都没有遇到。

黑人小伙很失望地回来了．他遇到贝里奇后，说的第一句话是：“董事长先生，一路我处处留意，直到山顶，我发现除了我之外，根本没有什么圣人。”

贝里奇说：“你说得很对，除你之外，根本没有什么圣人。”

20 年后，这位黑人小伙做了美孚石油公司开普敦分公司的总经理，他的名字叫贾姆纳。

当你发现自己的那一天，就是你遇到圣人的时候。这个世界上，有谁会在看穿你的软弱之后，一直默默替你坚强着？不要叹息，世界就是这么现实，只有强者才能适应它的规则。人，总要学着自己长大，然后再学会那些所谓的坚强，最后才能实现自己的梦想，我们只有让自己的内心真正强大起来，才不会让别人看到自己的软弱。

人生没有如果，很多事情轮不到我们选择，但我们可以依靠自己的努力去争取不一样的结果，让自己更有尊严地活在这个世界上。生活大抵是公平的，它不会让一直奋斗的人一无所获，我们的生命再卑微也有在阳光下舒展的时候。

学着为自己建造一座避难所，那是生活中需要随时准备的，不要当风雨来临之际，一无所有地伫立在漫天的风雨里，将心灵的衣裳打湿，将自我淋落的心沮丧在无边的、潮湿的深渊里。下雨的时候，不必寄希望于别人能够送把伞来，要学会编织自己的人生遮雨伞，当你闯过风雨、跨过泥泞，前途便是一片光明，而这一切，都在自我的辛勤创造中。

自己的苦只能自己扛

“滴自己的汗，吃自己的饭，靠人、靠天、靠祖上，不算是好汉。”人，不能拒绝长大，很多的事情只有自己去解决，事事依赖他人，就好像坐着轮椅生活，一旦这个轮椅丢失，将会寸步难行。

人生这条路上，再多的苦，只能由自己来扛。

一条小巷，一个女人，一小罐煤气，一张简单的操作平台，拼合成了一道独特的风景。

她只卖三样小炒：尖椒肉丝，尖椒牛柳，尖椒炒鸡蛋。菜式单一，顾客却不少。

她很干净，每过一会儿就会换一副围裙，换一副袖套；她很雅致，每卖一份小炒，就在装菜的快餐盒里放上一朵自己雕刻的萝卜花。“这样装在盒子里的，才好看。”她说。

也许是冲着她的小摊干净，也许是冲着雅致的萝卜花，也许是冲着她长得好看，每到饭点，她的摊前都围满了人，6—10 元一份的小炒，大家都耐心地等待着。女人娴熟地翻炒着，那样子就像一个贤惠的家庭主妇，整个过程都让人感到亲切和美丽。于是，一朵一朵素雅的萝卜花，就开到了人们的饭桌上。

女人是个有故事的人。她曾经有个富裕的家，老公在市中心的繁华街段开了一间商铺，生意很是不错，她原本的工作就是相夫教子，闲时和姐妹们逛逛街、旅旅游，生活得轻松而惬意。然而很不幸，她的老公因为酒后驾驶出了事故，医院当场就下了病危通知书。女人几乎倾尽所有，赔人家的钱，救自己的老公，最终也只是捡回了男人的半条命——他截肢了。

生活从此一贫如洗。年幼的孩子，瘫痪的男人，女人得一肩扛一个。有人曾劝女人带着孩子离开，这话就连她的老公也曾说过，她很认真地告诉他们，不要再说这样的话，无情无义的事情她做不到。

她不能出去工作，因为朝九晚五的生活让她无法照顾老公和孩子。她长得漂亮，有人曾想让她做情人，她严词拒绝了。但一家人总不能就这样活活饿死吧。想了又想，她决定摆摊卖小炒，虽然会很累，虽然会让熟人看不起，但只要中午和傍晚两个饭点出来就可以了，她有更多的时间照顾家里那不能自理的两个人。

老公说，街上那么多家饭店，你这家庭主妇的手艺能卖得出去吗？女人一想，也是，总得有个让人记着的卖点吧？于是她想到了萝卜花，她从小手就巧，以前生活清闲，有大把的时间布置一顿雅致的晚餐，她总喜欢雕萝卜花做装饰。一根根再普通不过的胡萝卜、“心里美”萝卜，到了她的手里，就能开出一朵朵美丽的小花。女人为自己的这个小“创意”，暗自欣喜了一番。

就这样，她的小摊摆开了，而且很快成了这条街上的一道独特风景。街上的人如果不愿意做菜，自然而然就会想到她的萝卜花。她的生意就这样慢慢红火起来了。有人开玩笑地问女人，这么好的生意，攒了不少钱吧？她笑而不答。

不到两年的光景，女人竟出人意料地盘下了一家临街的饭店，用她积攒的钱。她在后厨配菜，她的瘫痪男人则在前台管账。她还是那样干净、雅致，所有的菜肴里依然会放上一朵她雕刻的萝卜花。

“菜不但是吃的，也是用来看的。”她说，眼波明亮，流光溢彩。一旁的男人，气色也好，丝毫不见颓废的样子。

女人的饭店，也渐渐出了名，提起萝卜花，大家都知道。

生活也许会让你陷入孤苦无助的低谷，但如果你能用自己的双肩把生活的苦扛起来，低谷中也能盛开美丽的萝卜花。

逆境，不意味着绝境，更何况还能“置之死地而后生”。是生是死，一切都决定于我们自己。谁能直面人生的惨淡，敢于正视鲜血的淋漓，那么所有的一切对他来说，不过就是一场挫折游戏。

别人能做到的你也能做到

有一位叫麦斯维尔的世界著名的心理学家说：世界上至少有95%的人都有自卑感。为什么这么说呢？因为“金无足赤，人无完人”，每个人都不是完美的，都有自己的缺陷。当你用自己的不足与别人的长处相比的时候，自卑就产生了，而实际上这根本是没有必要的。而且缺点也是可以克服的，就看你自己怎么去看待。另外，从某种意义上说，缺陷也不是完全被动和无意义的，有时也是可以利用的。

我们应该首先客观认识世上万物，大海还有涨潮和退潮，月亮还有阴晴和圆缺，更何况人类呢？就是在这种不完美的状态下，我们寻找着欢乐，向不完美发出挑战，在力所能及的范围内做得更好一些，以接近完美。

法国著名的思想家、哲学家、政治理论家和作曲家卢梭说过：“种种优劣品质，构成了生命的整体。”正是因为我们都不完美，所以才有了发展的空间。人的一生，就是同自己的一场战斗，不停地挑战自己、改善自己、完善自己，所以，人生才变得有意义。

美国第32任总统罗斯福小的时候是一个非常胆小的男孩，

脸上总是显露着一种惊恐的表情，甚至背课文也会双腿发抖。但这些缺点没有将他打垮，反而让他更加努力地改进自己。他从来不把自己当作不完美的人看待，他像其他强壮的孩子一样做游戏、骑马或从事一些激烈的运动。他也像其他的孩子一样以勇敢的态度去对待困难。

在未进大学之前，他已经通过系统的运动和生活锻炼，将健康和精力恢复得很好了。他努力地改进自己，以至于晚年，已很少有人能够意识到他以前的缺陷，他也因此而成为最受美国人民爱戴的总统之一。

可见，一个人只有拥有自信才能勇敢地去做自己想做的事情。一个人的心中没有怯弱的意识和感觉，许多事情就会好办得多。

玛丽亚·艾伦娜·伊瓦尼斯是拉丁美洲的一位女销售员，她在 20 世纪 90 年代成为《公司》杂志所评选的“最伟大的推销员”之一。在当时女性地位还比较低的时代，她的成就的确让许许多多人刮目相看。

她曾在一个月的时间里旋风般地穿行于厄瓜多尔、智利、秘鲁和阿根廷，不断地游说于各个政府和各个公司之间，让他们购买自己的产品。而在 1991 年，她仅仅带了一份产品目录和一张地图就乘飞机到达非洲肯尼亚首都内罗毕，开始她的非洲冒险之旅。

她经常对别人说：“如果别人告诉你，那是不可能做到的，你一定要注意，也许这就是你脱颖而出的机会。”所以她总会挑战那些让人望而却步的工作，而这种毫不畏惧的精神和超级的自信，也让她成为南美和非洲电脑生意当之无愧的女王。

事实上，像这样的例子不胜枚举，《假如给我三天光明》的作者海伦·凯勒有 87 年生活在无光、无声的世界里，却先后完成了 14 本著作，脍炙人口的《假如给我三天光明》只是其中的一本，一生致力于为残疾人造福事业，曾荣获“总统自由勋章”，被《时代周刊》评选为“20 世纪美国十大英雄偶像”之一。

可见，相信自己，并为相信的事情努力往往会创造奇迹。有时，我们需要的就是那么一种勇气、一种自信，面对任何困难都不逃避，就算遇到再大的困难也坚信自己终会胜利。

有时，当我们确定自己真的遭遇了失败时，如果进行反思可能会有惊人的发现，那就是战胜困难并非不可能，只是存在于内心的不自信让我们最终选择了逃避；当遇到困难时，耳边总会有一个声音对我们说：“放弃吧，我们根本就过不了这个坎。”于是在这个声音面前，我们原有的自信就会一点点减弱，直至丧失殆尽。

人的潜能是无限的，它足可以使我们创造出所有的人间奇迹，而大多数的人之所以没有办法将自己体内潜藏的能量激发出来，就是因为怀疑和不自信动摇了他们的信心，以至于阻碍了对自己潜能的发掘。当你试着相信自己、重拾信心勇敢面对的时候，或许你会取得连自己都感惊讶的成绩。

不要让消极影响你的心态

据说狼群在深夜对天空长嚎时，每一匹狼都拥有不同的音调。即使是具有最高管理权力的头狼，也没有权力去要求其他的狼模仿自己的声音嚎叫，因为每一匹狼都是有其独立个性的。这种独特的个性决定了它们只能做自己。

在阿根廷的潘帕斯草原上，曾有人抓到了一只母狼，然后给这只母狼套上了铁锁链。之后这只狼向人们展示了它独特的特性，为了自由，这只母狼拒绝吃人们抛给它的任何食物。每到晚上，它就会对着天空嚎叫，声音是那么凄凉、悲壮，周围的老牧民们听到这样的狼嚎，都忍不住流下了热泪。

母狼连续几天拒绝进食，并且连续几天在夜里长嚎。每当有人走近它的时候，它的眼里就冒出仇恨的光。即使人们很可怜母狼，但也不会放了它，最后，人们杀掉了这只整整 7 天没有吃食物的母狼。

在即将死亡的那一刻，牧民们惊奇地发现，母狼眼睛里那仇恨的光不见了，取而代之的是善良，是和善的表情，也许是在感谢牧民们让它的灵魂重获自由吧。

在动物界，狼是最桀骜不驯的动物，这种个性让它们成为最难驯服的动物之一。生活中，我们每个人都应该像狼一样努力去做自己，因为只有这样，才是对自己的生活、命运负责，才是对自己的最大关爱和尊重，同时，也只有这样，才最有可能创造出最美好的未来。

当面临重大人生选择时，别人的意见是要听的，但不应照单全收，也不该屈从，而需要坚信自己，要经过自己慎重的考虑，再由自己做出判断和选择。

坚信自己首先就得认识自己。只有认识了自己，才能把自己和其他人区分开来，才不会人云亦云、随波逐流。事业有成者与平凡人的区别就在于，平凡者的依赖性很强，而成功者的独立性很强。这种差别在事业有成者与平凡人都一无所有的时候体现得更加明显。

平凡者常挂在嘴边上的一句话就是：在家靠父母，出外靠朋友。一个靠字，就永远改变不了自己受穷、被人主宰的命运。

成功者在什么时候都是很独立的，因为他们不想把自己的命运让别人来把握。他们很清楚地知道，如果自己不能挥鞭策马前行，那么别人的鞭子就会抽在自己的脊背上让自己成为被驾驭者，这在他们看来，等同于人生失去了意义。

现实中往往会有这样的情况：如果你告诉一些处境与你相近的朋友：总有一天我会成为这家公司的副总裁。会出现什么情况呢？你的朋友一定认为你在开玩笑，即使有人相信你真有那个意思，他也会说：“傻小子，你以为你是谁啊？别做白日梦了！”

而如果你再以同样的口吻把那句话重复给公司的总裁听，他会有什么样的反应？有一点是可以确定的，就是他绝不会笑。他会专注地听，然后问：“小伙子，你真是这样想的吗？”成功者绝不会嘲笑别人的野心，因为他们深知野心的可贵。

又比如，你对你的一些朋友说，你计划买一辆百万美元的汽车，他们一定会笑你，他们认为你是在发神经。但是你告诉已拥有百万美元汽车的人你的理想，他们并不觉得稀奇，因为他们知道可能，至少他们已经做到了。

通常认为某种理想不可实现的人，大都是没有什么成就的平庸之人，听他们的话等于甘愿让自己与他们一样平庸。另外，不要理会泄气者的话，听泄气者的话，将使你失去做任何尝试的勇气。

总之，你要注意，不要让消极的人影响你的心态，消极的人随处可见，专门喜欢破坏他人的积极思想。消极者不一定就是坏人，但他们缺乏热情和勇气却是现实。也有些自己不求上进却很喜欢嫉妒的人，见不得别人好，希望你和他们一起甘于平庸。他们自然也不希望你表现得比他们好，所以，尽量远离那些平庸的人，至少在思想上要远离他们，不要让他们消减你的自信心，阻碍你前进的步伐。

所有的成功者都认为：美丽的人生，就是按照自己的方式去做自己喜欢做的事情！

Chapter2

选准路线，跪着也要走下去

生活是由无数个变数组成的。事情的变化有时很难说是好是坏，但若想把握未来的生活，首先要找一条适合自己的路。在困难与坎坷面前，我们一定不能把时间浪费在选择前进或后退的挣扎上，既然认准了前方的目标，就一定要勇往直前，哪怕摔出了眼泪，哪怕摔疼了心，也要爬起来，拍拍身上的尘土，继续向前走下去。

认准了路就不要回头

生活是由无数个变数组成的。事情的变化有时很难说是好是坏，但若想把握未来的生活，首先要设想一条适合自己的路径。

一天，有父子三人来到山脚下。父亲举手遮阳，眺望峰顶，声如洪钟："你俩比赛爬上这山。上山有两条路，大路平而近，小路险而远。选择哪条路，你们自己定。"兄弟俩思忖再三，各自凭着自己的选择踏上了征程。

两个月过去了，一个西装革履的身影出现在峰顶——哥哥走来了。他骄傲地走向充满期待的父亲，说："我赢了，我赢了！这一路真是春风得意。在坦荡的大路上，我只需不断向前。舒缓的坡度让我走得从容，平整的石阶使我心旷神怡。那里没有岔道让我伤神，没有突出的山石使我绊脚。实践证明，在平坦和崎岖间，只有傻瓜才会放弃平坦，选择崎岖。我获得了胜利！"

父亲慈祥地看着他："你的选择的确聪明，一路也走得十分风光，我的好儿子……"

这之后不知过了多久，又一个身影出现了：弟弟步伐稳健，全身散发着生命的活力。尽管身体瘦削，衣衫褴褛，但他双目炯炯有神，透着聪慧与睿智。他微笑着走向父亲和哥哥，从从容容地讲起了路上的故事："哦，这是多么有意义的一次旅程！感谢您，父亲，感谢您给了我选择的机会。一路上，陡峭的山崖阻挡着我攀爬的脚步，丛生的荆棘刺破了我裸露的臂膊，疲惫的身心增添着孤独的酸楚。但我坚持下来了，我学会了灵活与选择，学会了机敏与自保，学会了独立与坚韧。路边的美丽景色，使我放慢脚步享受自然的馈赠。在山脚下，我看见山花烂漫，彩蝶翩翩，于是我与山花同歌，伴彩蝶共舞。在山腰，我看见绿草如茵，华木如盖。我拥抱自然的和弦，追逐欢快的节奏。这些是我最快乐的时光，可更多的时候是阴冷浓雾的环抱。放眼望去，黄叶连天，衰草满路，但我在黄叶林中看到丰硕的果实，从衰草丛内悟出新生的希望。我感觉自己在成熟，一寸寸地成熟。再往上，是没有一点生机的寒风和石砾，我曾想过放弃，但曾经的美妙温暖着我，启迪着我，给我力量，给我信心，使我忘掉比艰险更艰险的死寂，抛掉比痛苦更痛苦的迷茫。我最终到达了这里！一路上，我阅尽山间春色，也饱尝征途冷暖，为此，我感谢您。"

哥哥的眼中露出不解，但旋即消失，他说："可是你输了！"

"是的，"父亲遗憾地说，"孩子，你输掉了比赛……"

弟弟极目远方，脸上露出平和的微笑："但是，我赢得了人生！"

人生就是这样，正因为崎岖，才多了几分韵味，才更显得丰富。平坦纵然快捷，但其收获终究无法与崎岖之丰富相比——人生崎岖往往在于其中包含着智慧和成熟。

人生没有两条完全相同的道路，正如世界之大，却没有两张完全相同的面孔一样，可以相似，甚至惟妙惟肖，但绝不会分毫不差。比如，你可以借鉴前人的人生经验，追寻前人的脚步，但沿途看到的，绝对不会是相同的风景；与你相伴同行的，绝对不会是相同的旅伴，所以面临的也绝对不会是相同的机会。出身的不同，学识的不同，才能的不同以及机遇与性格的不同等，决定了我们各不相同、千差万别的人生道路。踩着别人的脚印前行，你迟早会发现，前方已经没有了路，而你要做的，是在前人没有走过的地方，踏出一条新的道路，一条属于自己的人生之路。

新东方董事长兼总裁俞敏洪说："我们未来生活的一种重要能力，叫作忍辱负重的能力。很多人会遇到很多很多不堪忍受的事情，但是你不得不忍受，因为不忍受就不可能成功。你不忍辱负重，你就没有时间，没有走向未来的空间。如果你想走向未来，最后变得更加强大，就必须给自己留下足够的时间和空间。如果你准备用自己的生命，为一个伟大的目标而奋斗，就必须排除生命中一切琐碎事情的干扰，因此你必须忍辱负重。"

俞敏洪当时在北大教书，却被迫以一种很难堪的方式离开了北大。他自己创业，从此有了"新东方"。

从一开始的夫妻店，到后来俞敏洪放弃了出国留学的梦想，再到之后的 3 年内"新东方"的飞速发展，中间经历了无数的磨难。他寻找同盟伙伴徐小平，再到美国去把王强拉回来，3 个人成了"新东方"的核心人物。后来，他又把徐小平"踢"出董事会。他克服了无数困难，"被迫"升华了无数次，顶住家人和外界的压力，终于把"新东方"发展到了今天的规模。

曾经，俞敏洪在众人面前给母亲下跪，痛哭流涕得像个孩子。母亲走后，他在办公室里摔打东西，有一个笔记本里有他写了两年多的稿子，两年多的心血，他气过头了，摔了。曾经，他在兄弟面前内心苦痛地叫板。曾经，他被别人抬着从医院出来，一边哭一边大声喊："我不干了，我再也不干了……赶紧把公司关了，我再也不干了！"但是，当天晚上7点多的课他又照常去上了。曾经，他哽咽着说："如果我的离去能为'新东方'带来成长和进步，我愿意退出，我愿意用我的生命来换取'新东方'。"曾经，面对执意离去的王强，他说："我愿意用下跪这种方式挽留你。"

为什么俞敏洪能做成"新东方"？别人意气用事的时候，他不能；别人有火向他发的时候，他得"以柔克刚"。为了"新东方"，他放下了男人的面子和尊严，甚至愿意用一切去换取"新东方"的成长。因为他知道，自己选择的路，即使跪着也要走下去！

不管处于什么年龄，什么境地，我们都不能因一时的气不过而贸然行事。因为这个世界上让你气不过的事情实在太多了，只有你气得过的时候，世界才会在你面前展开最光辉的一面。

屈从于现状，受制于环境的人是弱者，其才华势必要被埋没，因为他不能坚持做自己喜欢的事，不能坚持做自己认为是正确的事。很多人失败都是因为太早选择放弃，殊不知，成功就在离放弃一步之遥的地方。在困难与坎坷面前，我们一定不能把时间浪费在选择前进或后退的挣扎上，既然认准了前方的目标，就一定要勇往直前，哪怕摔出了眼泪，哪怕摔疼了心，也要爬起来，拍拍身上的尘土，继续向前走下去。

在困难面前不屈服

生活中，很多人由于无法控制自己的情绪，或乐极生悲，或抑郁难解，极大地影响了自己的判断力。例如，天气不好的时候，有的人就会情绪低落，做什么事情都没有干劲；到了一个陌生的环境，有的人会紧张无措，防卫过度，或者消极逃避；际遇不如意时，有的人会落寞消沉，难以振作，甚至自怜自艾，把所有的不幸都归结于命运。

为人处世如此情绪化，说不定什么时候就会像定时炸弹一样爆发，既伤害别人，也伤害自己，生活注定不会幸福。

英国作家查尔斯·兰姆一生坎坷不平。兰姆 15 岁的时候就离开学校去工作，以养家糊口；21 岁时他因精神失常在疯人院里待了 6 周。

兰姆出院后不久，年长他 10 岁的姐姐又突然发疯，误杀了自己的母亲，被关入疯人院。兰姆不忍心把精神健全（不过一年里有几天会神经错乱）的姐姐永久关在疯人院里，决心把姐姐接出来，自己终身不娶，以保证能够照顾姐姐的一生。

对于一个年仅 21 岁的年轻人来说，这一切都太过沉重了。

兰姆每天工作完便回家陪伴姐姐，时而写点文章，挣些稿费，勉强维持家用。他的所有著作都是这样忙里偷闲写出来的。

悲惨的际遇并没有把兰姆击倒，他的《伊利亚随笔》里充满了轻松的俏皮话、双关语，都是他对普通生活经验的玩味和爱好，他对生活没有一丝一毫的抱怨和厌弃。

他的母亲死后不久，他写信给好友柯尔律治说：“我练成了一种不把外界事物看重的习惯——如果我对现在不满意，我就努力让自己有一种宽大的胸怀；这种胸怀支持我的精神。”他姐姐的病好了，他在给柯尔律治的信中说：“我决定在这塞满了烦恼的悲剧里，尽量得到那可得到的瞬间的快乐。”他又说：“我的箴言是‘只要一些，就须满足，心中希望能得到更多’。”正如佩特在兰姆的传记里所写的那样：快乐，是面对事物的最佳态度，而兰姆无疑拥有快乐的人生精神。

兰姆的作品里始终流露出一种人生和谐的精神，故而柯尔律治也称自己的朋友为“心地温和”的查尔斯。

大多数时候，一个人生活得是否幸福，不在于他是否富有，而在于他的心态是否平和、乐观，是否有勇气去面对生活的艰难。

1864 年 9 月 3 日，寂静的斯德哥尔摩市郊，突然爆发出一连串震耳欲聋的巨响，滚滚的浓烟霎时间冲上天空，一股股火苗直往上蹿。仅仅几分钟时间，一场惨祸发生了。当惊恐的人们赶到出事现场时，只见原来屹立在这里的一座工厂已荡然无存，无情的大火吞没了一切。火场旁边站着一位 30 多岁的年轻人，突如其来的惨祸和过度的刺激，使他面无人色，浑身不住地颤抖着——这个大难不死的青年，就是后来举世闻名的大化学家诺贝尔。

诺贝尔亲手创建的硝化甘油炸药实验工厂在他眼前化成灰烬。人们从瓦砾中找出了5具尸体，其中一个是诺贝尔正在读大学的弟弟，另外4人是与他朝夕相处的亲密助手。5具烧得焦黑的尸体，惨不忍睹。诺贝尔的母亲得知小儿子惨死的噩耗，悲痛欲绝。年老的父亲也因受了刺激而引起脑溢血，从此半身瘫痪。

惨案发生后，警察当局立即封锁了出事现场，并严禁诺贝尔恢复自己的工厂。人们像躲避瘟神一样避开他，再也没有人愿意出租土地让他进行如此危险的实验。但是，这些失败和巨大的痛苦以及一连串的挫折都没有让诺贝尔退缩。几天以后，人们发现，在远离市区的马拉仑湖上出现了一艘巨大的平底驳船，驳船里并没有什么货物，而是摆满了各种设备，一个青年人正全神贯注地进行一项神秘的试验。他就是在大爆炸后被当地居民赶走的诺贝尔！

大无畏的精神往往会令死神也望而却步。在令人心惊胆战的实验中，诺贝尔没有连同他的驳船一起葬身鱼腹，而是经过多次试验最终发明了雷管。雷管的发明是爆炸学上的一项重大突破。随着当时许多欧洲国家工业化进程的加快，开矿山、修铁路、凿隧道、挖运河都需要炸药。于是，人们又开始亲近诺贝尔了。他把实验室从船上搬到斯德哥尔摩附近的温尔维特，正式建立了第一座硝化甘油工厂。接着，他又在德国的汉堡等地建立了炸药公司。

一时间，诺贝尔生产的炸药成了抢手货，源源不断的订货单从世界各地纷至沓来，他的财富与日俱增。

然而，获得成功的诺贝尔并没有就此摆脱挫折，不幸的消息接连不断地传来：在旧金山，运载炸药的火车因震荡发生爆炸，火车被炸得七零八落；德国一家著名工厂因搬运硝化甘油时发生碰撞而爆炸，整个工厂和附近的民房都变成了一片废墟；在巴拿马，一艘满载着硝化甘油的轮船，在大西洋航行途中，因颠簸引起爆炸，整艘轮船葬身大海……

一连串骇人听闻的消息，再次使人们对诺贝尔望而生畏，甚至把他当成瘟神和灾星。如果说前次灾难还是小范围的话，那么这一次他所遭受的已经是世界性的诅咒和驱逐了。

诺贝尔又一次被人们抛弃了。人们不知道诺贝尔的发明究竟是人类发展进程的福音，还是上帝借他的手进行的惩罚。面对接踵而至的灾难和困境，诺贝尔没有被吓倒，没有被压垮，更没有一蹶不振，他身上所具有的毅力和恒心，使他对已选定的目标义无反顾，坚忍不拔。在奋斗的道路上，他已习惯与死神朝夕相伴。

炸药的威力是那样不可一世，然而，大无畏的精神和矢志不移的恒心激发了他心中的潜能。他最终征服了炸药，吓退了死神，获得了巨大的成功，他一生共获专利发明权355项。他用自己的巨额财富创立了诺贝尔科学奖，此奖被国际科学界视为一种至高无上的荣誉。

心境平和、乐观、有勇气的人，面对现实的态度是冷静、客观、主动的，他们在困难面前不会屈服，挫折也不会使他们失去信心。相反，他们总是能够在困难和挫折之中寻找到生活的一点光明，发现生活的快乐。

只有拥有这种心态，才能在生活和工作中保持前进的步伐。

成功是对失败的奖赏

人们常说“失败是成功之母”，诚然，成功是对失败的嘉奖，但更是给予坚持者的最高荣誉。在通往成功的道路上，我们往往需要在黑暗中摸索很久才能找到正确的方向，而坚持恰恰是我们在黑暗中高举的火把。

有一个年轻人到一家电器厂去应聘，这家工厂的人事主管看着面前这个身材瘦小、衣着肮脏的小伙子，心里很不满意，随口说道：“我们现在暂时不缺人，你一个月以后再来看看吧。”这不过是一种委婉的拒绝，没想到一个月以后，这个年轻人真的来了。人事主管又推辞说：“过几天再说吧。”隔了几天，年轻人又来了。如此反复多次，人事主管实在难以忍受，只好直接说出自己的态度：“我们工厂对员工的录用要求很严格，你现在的状态是不能被录用的。”

于是，年轻人马上回去，借钱买了一身整齐、像样的衣服穿上，再次去面试。人事主管见他如此实在，经过了解后说：“电器方面的知识你知道得太少了，我们不能录用你。”不料两个月后，年轻人再次出现在人事主管面前：“我已经学会了不少电器方面的知识，您看我哪方面还有差距，我一项项来弥补。”

这位人事主管紧盯着态度诚恳的年轻人看了半天才说：“我干这一行几十年了，还是第一次遇到像你这样来找工作的，我真佩服你的耐心和韧性。”最终，年轻人得到了这份工作，并通过不断努力成为了电器行业的非凡人物。

这个故事的主人公就是后来松下公司的总裁松下幸之助。

俗话说，蚂蚁可以游遍深山老林，而蛇却永远也走不远。无论多远的路，只要一步一步坚持走下去，总能走完；而无论多么近的路，不迈开双脚永远无法到达。英国著名的哲学家罗素说过，伟大的事业根源于坚忍不拔的工作，以全部精力去做事，面对艰苦不逃避、不退缩。我们每个人在向目的地奔跑的时候，不要忘记我们绝大部分的时间是在路上。生命的价值恰恰就在于我们在这个过程中是否可以坚持下去，将自己锻造成更出色的人。

派蒂在小时候就查出患有癫痫。她的父亲每天早晨都会起来跑步，有一天，派蒂充满兴致地问父亲：“爸爸，我也想每天早上和你一起跑步，但是我又害怕万一我在跑步的过程中，病情发作。”

她的父亲温柔地抚摸着她的头发，说道：“没关系的，就算你发作了，爸爸也知道怎么应对。我们明天就开始跑吧！”

就这样，派蒂从第二天开始了跑步。不久，她又向父亲说出了自己的心愿：我想打破女子长距离跑步的世界纪录。于是，她的父亲帮她查阅了吉尼斯世界纪录，得知当时世界上女子长距离跑步的最高纪录是 80 公里。

尽管派蒂有病，但是她对此依然满怀热情和希望，癫痫无法阻止她长跑。

派蒂升入高中的时候，她的衬衫上印着“我爱癫痫”，她穿着这件特别的衬衫一路跑到了旧金山。她的父亲一路陪伴着她，她的母亲则开着旅行车跟着他们，照料他们。

高二的时候，派蒂拥有了自己的支持者，她所在班级的同学拿着特别为她制作的海报为她加油打气，海报上赫然印着：派蒂，跑啊！然而，在前往波特兰的路上，派蒂的脚扭伤了。医生劝她马上停止跑步，并说受伤的脚踝必须立刻打上石膏，否则会造成永久的残疾。

派蒂听了医生的建议后，诚恳地对医生说：“你也许不知道，跑步并不是我偶然的兴趣，它是我这辈子最热爱的运动。我热爱跑步也不仅仅是为了我自己，更重要的是向所有轻视我的人证明，身体有残疾的人一样可以跑马拉松。请您想想办法让我跑完这段路程！”

医生很同情派蒂，也很钦佩她的执着，于是表示可以用粘剂将受伤的部位接合，取代打石膏。但是，医生郑重地警告派蒂，这样很容易起水泡，那时一定会疼痛难忍。派蒂没有丝毫犹豫，当即点头答应了。

派蒂终于出现在了波特兰，俄勒冈州州长还陪她跑完了最后一英里（1 英里 =1.61 千米）。当她到达终点的时候，一条写着红色大字的横幅迎接着这位胜利者：“超级长跑女将，派蒂·威尔森在 17 岁生日这天创造了辉煌的纪录。”

高中生活快要结束的时候，派蒂用了 4 个月的时间，从美国西海岸跑到东海岸，最后抵达华盛顿。总统先生亲自接见了她，她告诉总统：“我想让所有的人都知道，癫痫病患者与正常人没有区别，我们也可以过正常的生活。”

雨果说，世人最缺乏的是毅力，而非气力。事实上，我们做事很少可以产生立竿见影的效果。坚持是一种积极的心态，不仅包含着积极的思考、坚定的信心，也包含着韧性。当我们在生活的道路上努力前行的时候，唯有坚持能让我们在付出汗水之后，收获美丽的风景。哪怕我们最终因为种种原因没有实现最初的梦想，坚持本身也是一种成功。所以，不要惧怕辛苦、磨难、创伤，用心去感受路途中的困难，它会让我们的毅力闪耀出更加灿烂的光芒。

失败后的再坚持就是成功

当遭遇失业、失恋、家人病重等困境时，你会做出怎样的努力？有的人会不断尝试，力图扭转逆境，而有的人则在遭受几次失败之后，就失去了勇气，开始意志消沉，满腹牢骚。或许他们还会说："我已经试过几百次乃至上千次了，但结果还是一样。"

这是真的吗？当然不是，说这种话的人可能只试过八九次，甚至两三次，就被失败给吓得不敢再试了。这是因为，人都有逃避痛苦的本能，既然失败是件令人烦恼的事，自然会想要躲开它。但这说明你遭受的痛苦还不够，至少它还没有摆在你眼前的失败可怕，否则别说是几百次，就是真的让你尝试上千次，你也会坚持下去，因为你要摆脱这种痛苦。

如今，肯德基在世界各地都有连锁店，那个穿着白色西服的老上校总是笑眯眯地在店里看着每一位顾客。可是，你知道他是怎么成功的吗？他在成功之前尝试了多少次呢？

1890 年 9 月 9 日，哈兰·山德士出生于美国印第安纳州亨利维尔附近的一个农庄，他家的经济不是很宽裕，但也还过得去。然而，就在他 6 岁那年，父亲不幸去世，留下母亲和 3

个孩子艰难度日。

为了生活，母亲不得不白天去食品厂削土豆，晚上给人缝补衣服，这样一来自然没有工夫照料幼小的孩子。山德士作为家中长子，肩负起了照顾弟妹、为母分忧的重任。白天母亲不在家，他只好自己做饭，一年过去了，他竟然学会了做20道菜，成了远近闻名的烹饪能手。

12岁那年，母亲再嫁，山德士和继父的关系不是很好，才念到6年级，他就不想读书了，家里的空气憋闷无比，他决定去工作，换个环境。他来到格林伍德的一家农场做工，工作虽然辛苦，但总算能维持个人温饱。此后他换过无数个工作，可以说什么活都尝试过，做过粉刷工、消防员，卖过保险，还当过一阵子兵，后来他还得过一个函授法学学位，使他在堪萨斯州小石城当了一段时间的治安官。

再后来，山德士还在肯塔基州开过加油站，但因为“二战”爆发，战争期间实行汽油配给，他的加油站不得不关门了。

他还经营过饭店，但是一条新建的高速公路从饭店旁边通过，饭店也不得不关门大吉。

最后，当他不得不变卖资产以偿还债务的时候，连银行存款都用光了，他变得一文不名。

这时的山德士已经66岁了，他收到了生平第一份救济金——105美元。这激怒了他，难道自己已经落魄到只能依靠救济金生存的地步了吗？

山德士冥思苦想，该怎么做才能摆脱困境，如今他拥有的最大价值的东西就是炸鸡了，这是一笔巨大的无形资产。

就这样，他开始了自己的第二次创业，带着一只压力锅，一个 50 磅的作料桶，开着他的老福特上路了。

身穿白色西装，打着黑色蝴蝶结，一身南方绅士打扮的白发上校，停在每一家饭店的门口，从肯塔基州到俄亥俄州，兜售炸鸡秘方，要求给老板和店员表演炸鸡。如果他们觉得炸鸡口味不错，就卖给他们特许权，提供作料，并教会他们炸制方法。但是，这不是一次性买断，他要从营业额中提成。

开始的时候，没有人相信他，饭店老板甚至觉得听这个怪老头胡诌简直是浪费时间。宣传工作进行得很艰难，整整两年，他被拒绝了 1009 次，终于在第 1010 次走进一个饭店时，得到了一句“好吧”的回答。有了一个人，就会有第二个人，在他的坚持之下，越来越多的人接受了他的想法。

就这样，从 66 岁创业开始，山德士上校经历了 1009 次失败，并坚持了下来，终于建立了令世人震惊的肯德基连锁事业。现在，作为世界上最大的炸鸡快餐连锁企业，肯德基在世界各地拥有超过 11000 多家餐厅，这些餐厅遍及 80 多个国家，从中国的长城到巴黎繁华的闹市区，从风景如画的索菲亚市中心到阳光明媚的波多黎各。世界上每天有 1000 多万顾客在这些肯德基餐厅品尝着由山德士上校近半个世纪前研制的炸鸡。

可以这样说，人们或许不知道美国的肯塔基州，但却知道肯德基炸鸡。山德士上校用一只鸡，为人们的饮食世界添上了丰富多彩的一笔。

1009 次失败后才收获成功，这是多么令人震惊的坚忍啊！我们也能像山德士上校那样，经历上千次的失败仍然不屈不挠吗？恐怕能坚持个几十次就已经是人中精英了。而在面临这一切的时候，山德士上校已经是一位年过花甲的老人。年轻的我们能做到他这样的坚忍吗？

事实上，大多数时候我们不必像山德士上校那样经历上千次的失败，我们遇到的障碍远没有想象的那么严重，也许只要再坚持一次就好。只要多坚持一次，哪怕就一次，或许我们就可以收获成功。

坚定信心，永不退缩

美国前总统艾森豪威尔的母亲曾对他说：“人生好像玩桥牌，无论你手上的牌多么不好，你都要好好地打完这场牌局。”这就是一种“永不退缩”的理念。真正有抱负和操守的人，都具备这种品质，这也是他们能够战胜苦难，最终赢得成功的宝贵经验。

美国最伟大的推销员弗兰克说：“假如你是懦夫，那么你就是自己最大的敌人；假如你是勇士，那么你就是自己最亲密的朋友。”人生路上的风险和困难是一道道必经的沟壑，有时我们可以灵活地绕路而行，但更多的时候，我们注定无路可逃，唯有坚定信心，甩掉自怨自艾的包袱，勇往直前。

很多时候，战胜生活的不是电影里的超人，也许只是源于我们内心的希望和勇气。也许眼前的希望渺茫，也许脚下的路愈发坎坷，然而勇气和希望带给我们的力量往往超乎想象。哪怕一个人已然一无所有，但只要心中的火焰还没有熄灭，一切皆有可能。

横镇的大奎在高考中名落孙山，看到同学陆续登上开往大学的列车，他的心情跌落到了谷底。接下来的几天，他整天闷在家里，要么对着大树练拳，要么蒙头睡觉。直到有一天，父亲让他到地里帮忙收红薯。父子俩来到自家的红薯地上，那是一片两头高、中间凹的丘陵。横镇四季缺水，大奎一眼就看见中间凹地的红薯叶郁郁葱葱的，于是就提着工具过去了。出乎他预料的是，绿叶下刨出的红薯个个“瘦小”，反观父亲在两头高地里挖出的红薯倒是胖乎乎的，大奎十分不解：“高地的两头在雨天都存不住水，怎么那么旱的地能长出这么好的红薯，反而湿润的中间凹地里的红薯却如此差劲?”

父亲解释道：“咱镇的红薯，越是雨水稀少的旱季反而长得越旺盛，高地两头的红薯因为吸收不到足够的水分，于是拼命地往地下钻，所以它们的叶子长得最小最少；凹地里的红薯虽然水分充足，但红薯这种东西，水一多反而只长叶子不长果实了。”接着，父亲看着大奎说，“人也有自己的旱季，但越是旱季，就越是该使劲的时候，因为要努力扎好自己的根。”

父亲一番简短、朴实而又深刻的话，让大奎沉默了许久。他决定回到学校复读，结果在第二年顺利考进了一所优秀的大学。

人生的路，就算走得再辉煌，也会有跌入谷底的时候，而此时恰如玩跷跷板时处于低处的状态，若不努力反弹走高，就会一直身处低谷。同时要清楚地看到，一个低谷并不意味着永远的绝境，倘若在小小的低谷前颓废跌倒，必然会错过“一览众山小”的壮美体验。

一位年薪千万的女性销售员，在一次年终表彰大会上向同事们讲述了自己的经历：

她出生在澎湖湾，自幼父母双亡，被一对好心的夫妇收养，好赌成性的养父在她15岁时想要把她卖掉，悲愤的她从家乡逃了出来，只身来到台北，只希望能够掌握自己的命运！她来到台北后，干过十几种不同的工作，打杂、苦力、小老板，赚过钱也赔过钱。经过几十年的打拼，她成为了这家公司年薪千万的超级业务员。50 岁的她在大会的演讲中说的最后一句话就是：“我的挫折感早在年轻时都用光了！”全场同事向她报以最热烈的掌声！

是的，人生就是一场无休止的挑战，失败挫折都是常有的事。有的人也许一出生就是亿万富翁，但也必定会遇到健康等其他方面的考验。没有百发百中的投篮手，没有不遇风浪的捕鱼船，人生就是因为在艰难困苦中昂首挺胸才值得喝彩。

意大利的小提琴演奏家、作曲家帕格尼尼是世界上最著名的小提琴大师之一，是举世闻名的“小提琴之神”和“音乐之王”。但是很少有人知道，这位幼年成名的音乐家是一位从苦难中成长起来的天才。

4 岁时，一场麻疹和强直昏厥症让帕格尼尼几乎丧命；7 岁时，他险些死于猩红热；13 岁后，他患上了严重肺炎，不得不采用放血疗法治疗；40 岁时，帕格尼尼的牙床突然长满脓疮，只好拔掉了大部分牙齿，之后又染上了可怕的眼疾；50 岁后，关节炎、肠道炎、喉结核等病痛吞噬着他的肌体；饱受苦难的他 57 岁就吐血而亡，甚至死后连尸体都先后遭到了 8 次搬迁。

帕格尼尼的琴声让全世界的人为之疯狂，人们说他的琴弦是魔鬼赋予的力量，所以才魔力无穷。那么，是不是身体的苦难造就了他琴弦上的魔鬼力量呢？帕格尼尼将苦难的过往尽数赋予了琴弦，在琴声中展现了火一样的灵魂。

通过以上事例，我们知道，面对挫折和痛苦，我们唯一要做的是，忽略失败与挫折带给我们的烦恼和困难，直到我们用光所有的挫败感，让生活的坎坷成为铺就人生精彩的垫脚石。

正如几米写过的一段话：“掉落深井，我大声呼救，等待救援……天黑了，黯然低头，才发现水面满是闪烁的星光。我总是在最深的绝望里，遇见最美丽的惊喜。”

今天的不幸，预示着明天的好运

人人都渴望成功，但成功对任何人来说都来之不易。成功是有阶段性的，每一段的成功都需要有“毅力”。在成功者的心中，没有“放弃”，只有“继续做下去”！无论什么工作，有恒心和毅力才会有机会成功。

成功的道路上难免遭遇风雨，泥泞和艰难都在你的行程之中。挫折和坎坷总是在所难免，关键是我们要把握好自己的心态，正确地面对困境，能在苦中笑一笑，能把泥泞踩出光明大道的人，才是生活的强者。

英国的伟大诗人弥尔顿，最杰出的诗作是在双目失明后完成的；德国的伟大音乐家贝多芬，最杰出的乐章是在他的听力丧失以后创作的；世界级小提琴家帕格尼尼是个用苦难的琴弦把乐曲演奏到极致的天才。被称为“世界文化史上三大怪杰”的三个奇人，居然一个是瞎子，一个是聋子，一个是哑巴！他们之所以有那样的成就，正是因为他们有一颗坚韧的心，处于逆境而不屈服。科学家贝佛里奇说过：“人们最出色的工作往往是处于逆境下做出的。思想上的压力，甚至肉体上的痛苦，都可能成为精神上的兴奋剂。”其实，“残缺”并不可怕，可怕的是不能够正视现实。

米契尔曾经是一个非常不幸的人。

一次意外事故，把他身上65%以上的皮肤都烧坏了，为此他动了16次手术。手术后，他无法拿起叉子，无法拨打电话，也无法一个人上厕所，但以前曾是海军陆战队队员的米契尔从不认为自己被打败了。他说："我完全可以掌握自己的人生之船，我可以选择把目前的状况看成倒退或是一个起点。"6个月之后，他又能开飞机了！

米契尔为自己在科罗拉多州买了一幢维多利亚风格的房子，另外还买了房地产、一架飞机及一家酒吧，后来他和两个朋友合资开了一家公司，专门生产以木材为燃料的炉子，这家公司后来变成佛蒙特州第二大私人公司。

米契尔开办公司后的第四年，他开的飞机在起飞时又摔回跑道，把他胸部的12条肋骨压得粉碎，腰部以下永远瘫痪！"我不解的是为何这些事老是发生在我身上，我到底是造了什么孽，要遭到这样的报应？"

但米契尔仍不屈不挠，日夜努力使自己能达到最高限度的"独立自主"，他被选为科罗拉多州孤峰顶镇的镇长，以保护小镇的美景及环境，使之不因矿产的开采而遭受破坏。米契尔后来也竞选国会议员，他用一句"不只是另一张小白脸"的口号，将自己难看的脸转化成一项有利的资产。

尽管面貌骇人、行动不便，米契尔却坠入爱河，且完成终身大事，还拿到了公共行政硕士学位，并继续他的飞行活动、环保运动及公共演说。

米契尔说："我瘫痪之前可以做一万件事，现在我只能做9000件，我可以把注意力放在我无法再做的1000件事上，或是把目光放在我还能做的9000件事上。我的人生曾遭受过两次重大的挫折，如果我都能选择不把挫折拿来当成放弃努力的借口，那么，或许你们可以用一个新的角度来看待一些一直让你们裹足不前的经历。你可以退一步，想开一点，然后你就有机会说：‘或许那也没什么大不了的！’”

这就像一位成功者豪迈地宣称的那样：

苦难本是一条狗，生活中，它不经意就向我们扑来。如果我们畏惧、躲避，它就凶残地追着我们不放；如果我们直起身子，挥舞着拳头向它大声喝叱，它就只有夹着尾巴灰溜溜地逃走。只要你拥有对生命的热爱，苦难就永远是一条夹着尾巴的狗！

没有一个人命里注定要过一种失败的生活，也没有一个人命里注定要过一帆风顺的生活！你不是为失败才来到这个世界上的，你的血管里也没有失败的血液在流动。你是猛狮，不要听失意者的哭泣、抱怨者的牢骚，这是可怕的瘟疫，不要被它传染。今天的不幸，往往预示着明天的好运。

当你觉得生命像一潭死水，寂静得没有泛起一圈涟漪时，你会觉得生命有时很无奈；当你遭遇贫穷、失意、挫折时，你会觉得生活很残酷。其实，每个人都有这样的经历，关键是看你用什么心态去面对——是甘于认命还是战胜失败。生命只有经历了困苦的磨砺、失败的摔打，才会有雨后的彩虹。

坚持到底就是胜利

一个人有理想，有勇气，但是并不一定能成功，因为成功不是招之即来的，要想获得成功，就要有一种持之以恒、不达目的誓不罢休的精神。

《离金矿只有三英尺》一书秉承了拿破仑·希尔的核心思想，即“永不放弃”。追求成功，首先要做的是扫除沉积心底的种种障碍，这样才能坚持不懈，最终寻找到真正属于自己的人生良机。书中的众多格言都是围绕这样的主题，比如：如果一个人还是5年前的老样子，就该深刻反省了。一定是他接触的人有问题，掌握的知识有问题，或者行动有问题。比如，作者借助成功人士之口，说道：“成功是一条不归路，成功是一种生活方式，你只要活着，就要努力，它没有终点。你在自己选定的领域能取得多大的成就，要看你能承受多少个‘不’的回答。你的承受力越强，成就也会越大……”

这些也正是我们要说明的观点。尽管世上成功的方法有千万种，但有一种却是所有成功者共有的，那就是坚持不懈。

刘昌勋的创业史很有点九死一生的悲壮。他们兄弟在同一所中学读书。父母常常因为凑不齐学费唉声叹气。他横下一条心，为减轻家里的负担，决定在中学还没读完的时候便辍学经商，让弟弟一个人上学。那年他16岁。

但是干什么好呢？他的邻居经营药材，每月有几百元的利润。在他们那里，这是一个叫人眼红的数目。他抱着试一试的心理，买进了20元的板蓝根，背到集上去卖，当天全部脱手，赚了20元。

20元，在当时对他来说，是一笔大钱。第二天，他将40元全投进去，没想到两天之内顺利卖了出去，又赚了30多元。两个月下来，他连本带利达到了500元之多。

但做任何事业都不是一帆风顺的。

刘昌勋的叔叔在前线牺牲了，家里得到了3000元的抚恤金。他的父亲一直把它存在银行里，无论家庭多么困难，也没有动用它。

两个月的节节胜利，使刘昌勋由胆怯到胆大。经他反复动员，父亲终于把抚恤金从银行里取出来，交给了他。连本带息，加上他那500元，凑成了4000元。他一次性买入一批药材，投入市场。一位顾客仔细辨认后，对他说："你小小年纪，却大大狡诈，学会了瞒天过海。"他委屈地申辩，眼泪直掉。这个顾客见他不是老奸巨猾之人，才告诉他这批药材是榨过汁的，现在只是一堆干柴，没多少药性了。

他一听就傻了。他的本金大部分是叔叔的鲜血换来的，一堆干柴便把它全部骗走了。他的第一个反应是找供货商算账，但这个骗子打一枪换一个地方，连续一两个月也没找着这个骗子。他的第二个反应是，也把这堆干柴糊弄出手，赚一元算一元。有个老人与他谈妥了价钱，但在老人数钱的时候，他见老人松树皮一样的手，沟壑一样的满脸皱纹，这么一大把年纪，这笔损失不等于要老人的命吗？他觉得自己还年轻，还有机会重来。于是，他点着打火机，把这些干柴全部烧了。

这次失败并没有使刘昌勋萎靡不振，他总结经验，继续奋斗，终于登上了富豪的排行榜。

西方谚语说："年轻的本钱，就是有时间去失败第二次。"奋斗者，破产只是一时；而不去奋斗，必将贫穷一生。只要你没有失掉勇气，敢于坚持，成功必将属于你。

如果你参观过开罗博物馆，你会看到令人目不暇接的从图坦卡蒙法老王墓挖出的宝藏。庞大建筑物的第二层大部分放的都是灿烂夺目的宝藏：黄金、珍贵的珠宝、饰品、大理石容器、战车、象牙与黄金棺木，巧夺天工的工艺至今无人能及。

可是，如果不是霍华德·卡特决定再多挖一天，这些不可思议的宝藏也许至今仍在地下不见天日。

1922 年冬天，卡特几乎放弃了可以找到年轻法老坟墓的希望，他的赞助者即将取消赞助。卡特在自传中写道："这将是我们待在山谷中的最后一季，我们已经挖掘了整整 6 季了，春去秋来毫无所获。我们一鼓作气工作了好几个月却没有发现什么，只有挖掘者才能体会这种彻底的绝望。我们几乎已经认定自己被打败了，准备离开山谷到别的地方去碰碰运气。然而，要不是我们最后垂死的一锤努力，我们永远也不会发现这些超出我们想象的宝藏。"

我们的人生曾充满梦想，成功之花几度在你我的心灵深处摇曳，那无限风光就像是在我们眼前。然而很多人因为经历了上一季的荒芜，往往轻率地将下一个春天弃之门外，将梦交还于梦，这梦便永远是梦。奈何！每个人离梦想的距离都是相等的，只要你拥有希望，并不断地坚持下去，你会发现，你离希望的距离越来越近。

生命的可贵在于坚持不懈地向自己的目标前进。也许在通向成功的路上你会遇到无数的艰辛与困苦，但是只要再坚持一下，就能收获成功。坚持能带给我们信念，能带给我们自信，能带给我们动力。如果我们能够拥有这份坚持不懈的毅力，就一定会得到命运女神的垂青，最终成就精彩人生。

相信自己，才能创造美好

一个自信心强的人不管做什么事，哪怕是很难甚至是还看不到希望的一件事，他也会满怀斗志地去做。在他的眼里，人生没有什么不可能，他总是充满前行的能量。那么，为什么相信自己的人会有干劲儿，会获得成功？因为，相信自己的人多数是以自己的实力为基础的，且对成功抱有信心和乐观的心态。

心理学家哈德－菲尔德在谈到积极心态对人产生的力量时说："我做了这样一个实验：用 3 个人来测试心理变化对生理产生的影响。在 3 种不同的情况下，我让这 3 个人用全力握住测力计。实践证明：在正常状况下，他们每个人的平均抓力都在 100 磅左右。当他们被催眠后，抓力就变成了 29 磅——这是正常抓力的 1/3。第三次测试时，我告诉他们我在给他们催眠，并给予了他们能量，他们的平均抓力居然达到了 140 磅。事实证明：当人们心中充满积极有力的思想时，抓力将多出将近一半。所以，积极的暗示会产生力量。"

可见，一个人所具有的真正实力不仅由体质决定，心理也会对其产生影响。相信自己的人对自己持有肯定的心态，才使得他们具有超出常人的力量去应对困难，有力量博取成功。

在美国整个职业篮球联盟中，博格斯是最矮的球员之一，但他却能在巨人如林的篮球场上竞技，并且能跻身大名鼎鼎的NBA 球星之列。

有人或许会说，作为 NBA 的球员，身高是第一位的，博格斯没有足够的身高——甚至和普通人相比，他都是个“二等残废”。那么，是什么促使他选择篮球呢？又是什么让他成为一个篮球明星呢？

原来，博格斯的成功主要归功于乐观的心态。

博格斯从小就很喜爱篮球，可因长得矮小，伙伴们都瞧不起他。有一天，他伤心地问妈妈：“妈妈，我还能长高吗？”

妈妈鼓励他说：“博格斯，你不仅能长高，而且还会长得很高很高，会成为人人都知道的大球星。”从此，博格斯就一直认为，自己绝不会一直这样矮，一定会长高的。

“既然自己还能够长高，那就不用担心什么啦。”博格斯放心了。他明白，作为一个职业球员，一定要有精湛的球技。于是，博格斯开始苦练篮球技术。在博格斯看来，把球技练好，自己也长高了，也就能进入美国职业篮球联赛了。

可是后来博格斯发现，自己不能再长高了。但这时，身高对他来说已经不重要了，因为在大学联赛的赛场上，人们看到他凭借自己个矮的优势飞速地运球过人，以及成功地抢断。因为表现突出，不久就被球探发现进而被招进 NBA。

相关专家分析说：“夏洛特黄蜂队的成功在于蒂尼·博格斯的矮。”博格斯技术好，他发挥了矮个子重心低的特长，从而成为一名断球能手。

博格斯回答说：“因为我虽然个子矮，但我相信我也一定能具有高个子一样的实力!”

先天的劣势没能让博格斯沮丧，因为他相信自己有足够的能力来弥补这一短板让自己不可或缺，结果，他成功了。试想一下，假如博格斯早早地就断定自己因个子矮是打不了篮球的，那么，他可能就不会选择篮球了，自己的篮球天赋会因此而被埋没。

世界上之所以平庸者居多，主要是因为很多人悲观地看待自己所遭遇的困境，在困难面前早早地就泄了气，所以只有接受失败的结果；而有些人遇到困难时不忧不愁，相信自己“一定能成功”“困难一定有办法解决”“事实就这样糟糕，但相信自己应该有办法解决”，因此，他们才能不断进步，直到成功。

世上的事情往往如此，你越相信自己有能力、有办法解决，事情做起来反而变得简单，容易解决，相反，越是有畏难情绪，越是不相信自己有能力解决，简单的事情也会变得复杂、不容易解决，正所谓态度决定一切。

不要怕，不要悔

有关奋斗和淡定的辩证法，可以用下面这个哲理故事来诠释。

30年前，一个年轻人离开故乡，准备去开创自己的事业。他动身的第一站，是去拜访本族的族长，请求指点。

老族长正在练字，听说本族的后辈开始踏上人生的旅途，就写了3个字：不要怕。然后抬起头来，望着年轻人说："孩子，人生的秘诀只有6个字，今天先告诉你3个字，供你半生受用。"

30年后，这个从前的年轻人已是人到中年，有了一些成就，也添了很多伤心事。归程漫漫，到了家乡，他又去拜访那位族长。

他到了族长家里，才知道老人家几年前已经去世，其家人取出一个密封的信封对他说："这是族长生前留给你的，他说有一天你会再来。"还乡的游子这才想起来，30年前他在这里听到人生的一半秘诀。于是，他拆开信封，里面赫然又是3个大字：不要悔。

很多人可能还不太理解，但你一旦有了类似的经历，就会对它的认识特别深刻。这6个字概括了人生奋斗与淡定的关系。人生在世，成功靠自己去拼，事业靠自己去闯。人生的前30年，有的是时间的本钱，只要有勇气，一切挫折、失意、磨难，都将不在话下。不要怕，不须怕，一条路不通再试另一条，只要不放弃，终究会闯出自己的一片天地。

那么，什么是后30年不要悔？时光飞逝，三十与四十的转换似乎眨眼便已来临，人生的一大转折无情地摆在面前。四十不惑，经历已告诉你太多的尝试不可能成功，你再不能拿所剩有限的时间去做没有收获的事情；你有家室有孩子，任何举动都得三思而后行；你的体力精力大不如以前，学习新东西难了，回忆旧日子多了，此时常常袭来的可怕心态便是——后悔！

当我们的婚姻出现问题时，我们后悔爱错了人；当我们的事业不顺利时，我们后悔入错了行；当我们看到旧同事旧朋友升官的升官、发财的发财，我们后悔或许当初不该一意孤行。四十后的不悔与三十前的不怕，同样是人生至为重要的两大境界。过去的已然过去，即便曾错过什么，悔之亦无益，耽误的只是自己的生命，糟蹋的只是自己的心灵。更何况，人生本来有得必有失，失去的同时必定也得到了一些，只不过人类的心态通常会忽视已拥有的，而视尚未得到的不属于自己的东西为珍宝。

所以，该不怕时不怕，该不悔时不悔，人生奋斗也好，淡定也罢，大抵应该无憾了！

我们再来看看下面的一个故事，也许会更受启发。

1968年，在墨西哥奥运会百米赛道上，美国选手吉·海因斯撞线后，转过身子看运动场上的记分牌。当指示灯出现

9.95 的字样后，海因斯摊开双手自言自语地说了一句话。这一情景后来通过电视网络，全世界至少有几亿人看到了。但当时他身边没有话筒，海因斯到底说了什么，谁都不知道。直到 1984 年洛杉矶奥运会前夕，一名叫戴维·帕尔的记者在办公室回放奥运会资料时突发好奇，于是找到海因斯询问此事，这句话才被破译出来。

原来，自欧文创造了 10.3 秒的成绩后，医学界断言，人类肌肉纤维承载的运动极限不会超过 10 秒。所以，当海因斯看到自己 9.95 秒的记录之后，自己都有些惊呆了。原来，10 秒这个门不是紧锁的，它虚掩着，就像终点上那根横着的绳子。于是，兴奋的海因斯情不自禁地说："上帝啊！那扇门原来是虚掩着的。"

所以，勇气使你尽管害怕、尽管痛苦，但还是继续向前走。在这个世界上，只要你真实地付出，就会发现许多门都是虚掩的！勇气，能够让你取得无限的成就。

大凡走向成功的人，不但要做到意志坚定，还要迅速把握机会，鼓起勇气，立即行动。如果一个人生性胆怯、缺乏自信、遇事总是犹豫不决、故步自封、没有判断力、毫无冒险精神，他的一生将死气沉沉、毫无希望可言。

因此，我们都应该有血气和胆量去面对任何艰险危难的事情，还要有坚强的自信心，敢于勇往直前。

罗马曾是世界上最强大的城邦。罗马人征服了地中海北岸所有的国家和南岸大部分的国家，同时还占有海中的岛屿和现在属于土耳其的亚细亚部分。

那时，恺撒已成为罗马的英雄。恺撒和他的军队一直对罗马尽忠尽责，但在罗马，有许多他的敌人，害怕他的雄心壮志，忌妒他的丰功伟绩。每当他们听到有人称赞恺撒为英雄，便会浑身发抖。

这些人中就包括庞培，他曾经在很长一段时间是罗马最有权势的人。像恺撒一样，他也是一个军队的指挥官，但他的军队并没有赢得人们太多的赞誉。庞培预见到恺撒迟早会成为他的主人，于是开始谋划陷害恺撒。又过了一年，恺撒在高卢的任期就要结束。大家都认为，他届时将返回罗马并被选为罗马共和国的执政官，那他就会成为世界上最有权力的人。庞培和恺撒的其他敌人决定阻止这件事。他们说服罗马的元老院发出命令，让恺撒离开高卢的军队立即返回罗马。“如果你不服从这个命令，”元老院称，“就将被视为共和国的敌人。”

恺撒知道那是什么意思。如果他单独返回罗马，敌人就会陷害他；如果他不回去，他们就会以叛国的罪名审判他，不让他当选执政官。

他把效忠自己的士兵们召集起来，把敌人试图谋害他的阴谋告诉了他们。那些跟随他经历无数风险、帮助他取得无数胜利的老兵都宣称不会离开他。他们要和他一起前往罗马，看着他得到应得的奖赏。他们不要军饷，甚至还分担了长途行军的费用。

恺撒的军队扬起军旗朝罗马进发。士兵们甚至比恺撒更加斗志昂扬，他们为了自己的领袖长途跋涉，不畏艰险。最后，他们来到一条叫作卢比孔的小河，它是高卢省的边界，另一边就是意大利，恺撒在岸边停下来。

他知道，越过这条河就等于向庞培和元老院宣战，那将使整个罗马陷入纷争，其结果是无法预料的。“我们还能够回去，”他对自己说，“我们身后是安全的，但一旦越过卢比孔河，我们就不能再回去了，我必须在这里做出决定。”他没有迟疑太久，坚定地发出命令，勇敢地跃马穿过这条浅浅的小河。“我们越过了卢比孔河！”当他到达对岸时大声喊道，“就不会再回头。”

消息一直传到了罗马：恺撒越过了卢比孔河。一路上，每个城镇和村庄的人都出来欢迎归来的英雄。离罗马越近，他受到的欢迎就越热烈。最终，恺撒和他的军队到达了罗马城门。没有军队出来迎战，恺撒没有遇到丝毫抵抗就进了罗马城。庞培和他的同伙早已逃走了。

勇气，造就了恺撒，也造就了罗马的辉煌。勇气，也必将造就未来的你！无论将来是风雨还是彩虹，只要我们心中保持一种纯正的勇气，生命就一定不会因此而气馁。

爱因斯坦说：“勇气是上天的羽翼，怯懦却引人下地狱。”让我们心中永远鼓荡着腾飞的勇气，绝不选择生命的堕落！

Chapter3

克服依赖，宁可站着死绝不跪着生

翻开历史，我们可以知道，各行各业的成功人士，早年往往都是贫苦的孩子。成功是排除困难的结果，而生长于安逸环境中的年轻人，时常依附于他人而不懂得靠自己，自小被溺爱的年轻人，习惯躲藏在父辈羽翼下的年轻人，是很少能够成功的。因此，要记住：命运只掌握在你自己手中，你就是主宰一切的上帝。

肯于吃苦，才能摆脱依赖

在这个竞争的年代，我们要有积极的人生观，发挥自身最大的潜能，将自己带上高峰，虽死无悔，虽败犹荣。而在整个奋斗的过程中，最大的敌人不是别人，而是自己。尤其是那些过去备受呵护，如今必须独立面对未来的年轻人，他们必须战胜自己的惰性和依赖心理。这种毛病若不革除，无论你有多优秀，将来也难以成功。因此，要记住：命运只掌握在你自己手中，你就是主宰一切的上帝。

有一个登山者，一心想要登上世界第一高峰。经过多年精心的准备，他开始了登山的旅程。他是独自一人出发的，因为他希望自己单独获得全部荣誉。他开始向上攀登，直到天色已经暗下来。渐渐地，山上已经格外的黑，登山者什么都看不见。因为有云层，月亮和星星都被云层遮住了，伸手不见五指。但登山者依然不顾一切地向上攀登着，仅有几米他就可以到达山顶了，可是他突然滑倒了，并且飞速地跌落下去。在跌落的过程中，他看到的是一群群的黑影，以及感到迅速向下坠落的恐怖。

他伴着极度的恐怖下坠着，他一生中的好与坏，也一幕幕地在他的脑海中重复着。

当他一心想着死亡就快要接近自己的时候，忽然间，他感到自己被系在腰间的绳子紧紧地拉住了。于是，他整个人被吊在了半空中，因为有那根绳子在拉着他。

上不着天，下不着地，真是举目无亲，求助无门，他一点办法都没有，只有大声呼叫："上帝啊，救救我吧！"

忽然间，从天上传来一个低沉的声音说道："你叫我做什么？"

"上帝！快救救我！"

"你真的相信我能够救你吗？"

"是的，我真的相信！"

"那就剪断系在你腰间的绳子。"

短暂的沉寂之后，登山者决定继续抓住那根救命的绳子。

第二天，搜救队找到了登山者已经冻得僵硬的尸体，在那根绳子上挂着。他的手依然紧紧抓着那根绳子，就在离地面不到一米的地方。

从剪断脐带那一刻起，一个新生命诞生了，每个人只有依靠自己才能获得自由。生命所受的最大束缚来源于生命本身对"绳子"的过分依赖，"你的命运藏在你自己的胸里"，如果你只知道依恋那根"绳子"，那么，恐怕至死你都不会明白为何自己如此不值地离开这个世界。

比尔·盖茨曾经说过："依赖的习惯，是阻止人们走向成功的一个个绊脚石，要想成大事，你必须把它们一个个踢开。只有靠自己取得的成功，才是真正的成功。"

美国总统约翰·肯尼迪的父亲从小就注意培养儿子的自主精神与独立性格。有一次，他赶着马车带儿子出去玩，由于马车速度太快，小肯尼迪在一个拐弯处被甩了出去。马车停住了，小肯尼迪以为父亲会过来把他扶起来，然而父亲却坐在车上悠闲地吸起烟来。

小肯尼迪叫道：“爸爸，快来帮我。”

“摔得很痛吗？”

“是的，我已经站不起来了。”小肯尼迪几乎哭着说。

“那你也要坚持站起来，重新爬上马车。”

小肯尼迪挣扎着站了起来，摇晃着走向马车，又艰难地爬上来。

父亲摇晃着鞭子问：“你知道为什么让你自己站起来吗？”

小肯尼迪摇了摇头。

父亲说：“人生就是如此，跌倒、爬起来、奔跑，再跌倒、再爬起来、再奔跑。任何时候都要依靠自己，没有人去扶你的。”

从那一刻起，父亲更加重视对小肯尼迪的培养，时常带他参加一些大型社交活动，教他如何向人打招呼、道别，怎样与不同身份的人进行交谈，怎样展示自己的风度、气质和精神面貌，怎样坚定自己的信仰等。人们问他：“你每天都有很多事情要做，怎么还有精力教孩子这些琐事？”

约翰·肯尼迪的父亲一语惊人：“我是在训练他做总统。”

生而为人，就必然要经历成功与失败，而前途永远掌控在自己手中。依赖是对生命的一种束缚，是一种寄生状态。英国历史学家弗劳德曾经说过：“一棵树如果要结出果实，必须先在土壤里扎下根。同样，一个人首先需要学会依靠自己、尊重自己，不接受他人的施舍，不等待命运的馈赠。只有在这样的基础上，才可能做出成就。”总是寄希望于他人的帮助，就会产生惰性，失去独立行动与思考的能力，意志力也将被吞噬。

有一天，美国著名成人教育家卡耐基正在家里看书，一个神情呆滞的流浪汉忽然进来了。他对卡耐基说，他做生意赔了很多钱，打算自杀，正当他想要跳河的时候，他看到了卡耐基的一本书，感觉卡耐基能帮他走出困境，就兴冲冲地找来了。

卡耐基听完他的话后，对他说："我帮不了你，但这屋子里有一个人能帮助你，你想见他吗?"那个人立即抓住卡耐基的手，激动地说："他在哪里？快带我去找他!"卡耐基把这个人带进里屋，让他站到一面镜子前，对他说："这个人就在镜子里。"那个人一看，镜子里只有自己的影子。卡耐基对他说："这个世界上，能让你东山再起的人，就是你自己!"

那个人听了深受启发，告别卡耐基以后，他重新开始创业。两年以后，一辆豪华轿车停在卡耐基的门前，从车上走下来一位衣着考究的绅士，他正是当年想要自杀的那个流浪汉。他是来告诉卡耐基，他已经完全依靠自己的努力重新站起来了。

翻开历史，我们可以知道，各行各业的成功人士，早年往往都是贫苦的孩子。成功是排除困难的结果，而生长于安逸环境中的年轻人，时常依附于他人而不懂得靠自己，自小被溺爱的年轻人，习惯躲藏在父辈羽翼下的年轻人，是很少能够成功的。富家子弟与穷苦少年相比，就像温室中的幼苗和饱受暴风骤雨吹打的松树一样，只有那些经受风雨洗礼的大树，才能看见蔚蓝的天空。

日本教育界有句名言："除了阳光和空气是大自然的赐予，其他一切都要通过劳动获得。"许多日本学生在课余时间都要去校外参加劳动挣钱，大学生勤工俭学的例子比比皆是，就连有钱人家的子弟也不例外。他们在饭店里端盘子、洗碗，在商店里当售货员，在养老院照顾老人，或者做家庭教师，以此挣得自己的学费。孩子很小的时候，父母就会给他们灌输一种思想——不要给别人添麻烦。全家人外出旅行，无论多么小的孩子，都要背上自己的小背包。别人问为什么，父母会说："他们自己的东西，应该自己来背。"

曾几何时，我们早已将吃苦精神丢弃一旁，习惯于依赖别人，等着别人搭好桥，铺好路，再牵着别人的手慢慢通过。殊不知，没有经受寒流的抽打，就不会感受到阳光的温暖；没有经受沙漠的干热，就不会体会到绿洲的清爽。

苦，可以折磨人，更可以锻炼人。学会吃苦，你才不会在困难和逆境面前乱了阵脚，无助哀叹；学会吃苦，能够让你在奋斗的路上多一分坚忍，多一些从容。

抛弃依靠想法，激扬生命风帆

在人生旅途中，最重要的生活内容之一是工作，做事业，而有些工作和事业上的事确实需要别人的帮助，但如果把别人的帮助当成一种依赖或寄托，那会让自己养成一种懒惰，不知思考甘当寄生虫的习性，最终凡事拿不起放不下一事无成。

依靠他人的习惯是因为多种因素而产生的，也是日久天长、日积月累形成的。有时这种习惯是十分明显的，但有时却是很难发现的，如果你有下面的习惯，势必要产生依赖的心理：

希望听到别人的赞誉和掌声，否则就会有不被认同感和自卑感；轻诺背信，动不动就放弃计划，但在放弃时新的计划还没有制定；常常按捺不住内心的激动，在冲动中做完事情后又感到后悔；不做预防突发事件的准备，当面对突发事件时表现得紧张无序，拿不定主意，总是征求别人的意见；做事虎头蛇尾，不能坚持到底，也不够专注，总是找借口减轻自己的责任；爱嫉妒，一见别人比自己好就怨气冲天。自己不是扎扎实实地去做，而是想方设法地走捷径；逃避问题，不论大事小事，只要不涉及自己就熟视无睹，埋头不理；凡事随大流，凡事无主见。

以上的这些习惯只是一些主要的表现，乍一看似乎与依靠他人没有太大的关系，但它引发的后果常常必然是依靠他人，比如说逃避问题，当时出现的问题可能不涉及自己，但一旦出现在自己身上，就会变得束手无策，因为自己没有处理这方面问题的经验和办法，就不得不去依靠他人。又如做事虎头蛇尾，总是找借口减轻自己的责任，实际上减轻就是推卸，这种推卸其实就是要依靠他人帮自己承担责任，等等。

我们在生活中常会有这样的发现：许多人都在等待，其中有些人甚至不知自己在等什么，他们也许在等某种东西的来临，等待好的运气，等待一件事情的发生，等待有个人会来帮自己一把。这种等待的实质也是一种变相的依靠。

曾有一家大公司的老板，他的儿子大学毕业后，他的秘书跟他说：就让公子到咱们的公司来工作吧，熟悉了整个生产经营流程后，今后也好接班啊。可他却说，他准备让自己的儿子先到另一家企业里去工作，让其在那里锻炼锻炼，吃吃苦头。从开始就要养成一切靠自己的意识以后才能自己成就事业。

在父母的溺爱和庇护下，想什么时候来上班就什么时候来，想什么时候走就什么时候走的孩子很少会有出息。只有具备自立精神的人才能给人以力量与自信，只有依靠自己才能长成参天大树。

把孩子放在可以依靠父母或是可以指望他人帮助的地方是非常危险的做法。在一个可以触到底的浅水处是无法学会游泳的，而在一个很深的水域里，孩子会学得更快、更好。依赖性强、好逸恶劳是人的天性，而只有“迫不得已”、背水一战的形势下才能激发出我们身上最大的潜力。

因此，只有独立思考，独立做事，人的才华和智慧才能被全部调动起来，才会发挥出最大的能量，最终成就自己的事业，激扬生命的风帆。

认识自己才能重塑自己

意大利著名画家阿马代奥·莫迪里阿尼曾经说过：“人有两只眼睛，一只用来观察周围的世界，一只用来观察自己。”客观地看待自己，估量自身的能力，是取得成功的前提，也是获得快乐的源泉。

爱尔兰地区有一位只有一只脚的作家，他出生的时候就瘫痪了。直到5岁的时候，他依然无法走路，也不能开口说话，甚至连头、双手和右脚都不能动。5岁那年的一天，他看到妹妹用粉笔在一旁涂涂画画，突然很受启发，于是也学着妹妹的样子，用唯一可以动弹的左脚夹住一支粉笔，在地上勾画起来。就这样，一年以后，他居然学会了用脚写出26个英文字母。

从那以后，他的母亲开始教他读书识字。他把打字机放在地上，用左脚练习打字。可以想象，他每打一页字要消耗多少精力和时间！但他凭着坚强的毅力，学会了用左脚打字、画画，甚至写作文和写诗。

21岁的时候，他的第一部自传体小说《我的左脚》和读者见面了。16年后，他的另一部小说《生不逢时》也出版了，并一举成为世界畅销书，先后有15个国家出版了他的著作。他的作品还被改编成了电影。

在48年的短暂人生中，他以常人无法想象的毅力，先后创作了5部长篇小说、3部诗集。而这些作品都是他用左脚的脚趾一个一个字母敲击出来的。

他的名字叫布朗，一位正确认识自己并且找到自己真正价值和人生的作家，他发挥了自己仅能活动的一只脚的优势，铸就了自己不平凡的人生！

对于布朗来说，瘫痪无疑是最大的不幸，但他并没有怨天尤人，而是客观地对待自己的身体现状，凭借着仅能活动的一只脚，书写了自己不平凡的一生。如果他一味地怨恨命运的不公，一蹶不振，不思进取，那么他的人生肯定充满痛苦和无奈，更不用说取得成功了。

在古希腊帕尔索山上有一块石碑，上面刻有这样一句箴言："你要认识你自己。"卢梭曾赞誉这一碑铭："比伦理学家们的一切巨著都更为重要，更为深奥。"只有正确地认识自己，发现自己的优势和不足，我们才能拥有"千磨万仞还坚韧，任尔东南西北风"的执着和坚韧；只有正确地认识自己，我们才能拥有对待生活的坦然和平和；只有正确地认识自己，我们才能获得面对困难和未来的勇气。

著名的漫画家蔡志忠先生15岁的时候，正读初中二年级。他带着投漫画稿赚来的250元稿费，只身到台北想闯出自己的一片天地。正在他准备到以电视节目闻名的光启社求职时，求才广告上"大学相关科系毕业"一项条件生生地横在了他的面前，不过他对自己的能力充满了自信，没有将这个学历上的限制条件放在心上，毅然参加了应征。结果，他成功击败了一起应聘的 29 名大学毕业生，成为了光启社的一分子。

后来，他在漫画界的表现令业界人士啧啧称赞，尤其是“庄子说”“老子说”系列，更是被译成多种文字，远销世界很多国家和地区，他也因此成为全台湾纳税额最高的一位作家，他本人对此也十分自豪。

那么，在连初中文凭都没有拿到的情况下，是什么使他有勇气和信心踏入以“文凭闯天下”的社会呢？对此，他说做人最重要的就是要了解自己。有人具备做总统的才干，有人适合扫地。假如适合扫地的人一味以做总统为人生目标，他得到的只能是挫折和痛苦。而对蔡志忠来说，他适合做一个漫画家。他很小就知道自己能画、喜欢画，所以他从 15 岁就开始画，尽早地画，不停地画，终于画出了自己的锦绣前程。这不禁让人联想到巴西的世界足球王“黑珍珠”贝利，他曾经说：“我天生是踢球的，就像贝多芬是天生的音乐家一样。”

生活中并不存在完美的事物，如同花朵一样，有的花香而不艳，有的花艳而不香，有的花又艳又香但却多刺，每朵花都有自己的优点和不足。所以，我们要学会正确认识自己，只有正确认识自己，才能更好地完善和提高自己。

乔叟说：“自知的人是最聪明的。”没有自知，便无法自胜，“不识庐山真面目，只缘身在此山中”。认识自己，就要学会跳出个人的绝对视角，以旁观者的眼光分析和审视自己，正视自己的成长过程，这也是和错误失败作斗争的过程，或者是由否定到肯定再到否定的过程，这样我们就能从错误中吸取教训，积累经验，从而完善自身。也只有这样，我们才能看清自己，接纳自己，重塑自己，从而成为理想的自己。

学会经营自己的优点

在广袤无边的大草原上，一只小羚羊忧心忡忡地问老羚羊：“这里一望无际，没遮没拦的，我们又没有锋利的牙齿，难道天生就要成为狮子、老虎的腹中之物不成?”老羚羊回答道：“别担心，孩子，我们的确没有锋利的牙齿，但我们却拥有可以高速奔跑的腿。只要我们善于利用它，再锋利的牙齿又能拿我们怎么样呢?”

世上万物，各有所长，鸟儿因其翅膀而翱翔天空，鱼儿因其善水而遨游江河，它们依靠自己独有的特长成为万物中的一员，在残酷的生存竞争中占得一席之地。

人生的诀窍同样在于经营好自己的长处。微软公司总裁比尔·盖茨的最高文凭是中学，他在哈佛大学没念完就经营他的电脑公司去了。他是能及早发现自己的长处，并果断去经营自己长处的人，因而他成为世界首富也就不足为奇。

现在很多人很佩服冯仑，觉得这个人能做能侃，很了不起。冯仑不是有了钱才有本事，他是因为有了本事才有钱。

1991 年，冯仑和王功权南下海南创业的时候，兜里总共只有 3 万块钱。3 万块钱要做房地产，即使是在满是经济泡沫的海南也是天方夜谭，但是冯仑想了一个办法。信托公司是金融机构，有钱。他找到一个信托公司的老板，先给对方讲一通自己的经历。冯仑的经历很耀眼，对方不敢轻视。再跟对方讲一通眼前的商机，自己手头有一单好生意，包赚不赔，说得对方怦然心动。冯仑提出："不如这样，这单生意咱们一起做，我出 1300 万元，你出 500 万元，你看如何?"这样好的生意，对方又是这样一个人，有这样的经历，有什么不放心？这位老板慷慨地甩出了 500 万元。冯仑拿着这 500 万元，让王功权到银行做现金抵押，又贷出了 1300 万元。他们用这 1800 万元买了 8 幢别墅，略作包装，一转手，赚了 300 万元。这是冯仑和王功权在海南淘到的第一桶金。对此，冯仑说："做大生意必须先有钱，但第一次做大生意谁都没有钱，在这个时候，自己可以知道自己没钱，但不能让别人知道。当大家都以为你有钱的时候，都愿意和你合作做生意的时候，你就真的有钱了。"冯仑初到海南，尽管没钱，也总是将自己和公司上下都收拾得整整齐齐，言谈举止让人一眼看上去就很有实力的样子。

可以说，会"忽悠"人是所有生意人的长处。懂得经营自己的长处，就有致富的可能。

著名经济学家吴敬琏写过一篇文章《何处寻找大智慧》。文中提到，对创业者来说，无所谓大智慧、小智慧，能遵章守纪，能把事情做好，能赚到钱就是好智慧。

美国国际商业机器公司总经理之子托马斯·沃森，从小就是个末流学生，与其声名显赫的父亲相比，他简直是个无能者。他在读商业学校时，各科学业全靠一名家教的鼎力相助才勉强过关。后来他开始学飞行，意外地有种如鱼得水的感觉，发现驾驶飞机对自己来说竟是那样得心应手，这使他信心倍增。第二次世界大战时，他当上了一名空军军官。这段经历使他意识到自己“有一个富有条理的大脑，能抓住主要东西，并能把它准确地传达给别人”。组织才能使沃森最终继承父业，成为公司总经理，使公司迅速跨入了计算机时代，并使年盈利率在15年里增长了10倍。

由此可见，创造财富的诀窍在于经营自己的优点，找到发挥自己优势的最佳位置。

“尺有所短，寸有所长”，每个人都有自己的优点。假如你能经营自己的优点，就会给自己的生命增值；反之，假如你经营自己的短处，则会使自己的人生贬值。“条条道路通罗马”“此门不开开别门”，世上的工作千万种，对人的素质要求各不相同，干不了这个可以干那个，总可以找到自己的发展天地。只要你发挥自己的优势，经营自己的优点，就能找到发展自己的道路。

坚信“我能行”

你或许思维不够敏捷，才华不如别人；你或许衣冠简朴，外表比不上别人；你或许出身贫寒，财富和社会地位比不上别人……面对这些，你是在强者高大的阴影下痛苦抱怨，自甘平庸，还是跳出黑暗，给自己寻找一片阳光呢?

痛苦是悲观者的影子，心胸坦荡的乐观者则会从容不迫地转过身子，寻找到属于自己的一片灿烂阳光。正如契诃夫所说，小狗也要大声叫。拥有信心，你的人生才拥有无限的可能。

世界著名交响乐指挥家小泽征尔，在一次世界优秀指挥家大赛中，按照评委会给出的乐谱演奏，发现其中有不和谐音。一开始他认为可能是乐队的演奏出了问题，于是要求乐队停下来重新演奏，但不和谐音依旧存在。此时他怀疑乐谱有问题，而当时在场的所有作曲家以及评委会的权威人士都予以否认。小泽征尔在深思熟虑后，站起来坚定地说：“不，一定是乐谱出错了!”他话音刚落，台下立刻响起了雷鸣般的掌声。

原来，这是评委考核人才的一种方式，他们故意设下陷阱，借此来考验各位指挥者的自信心。他们故意给出错误的乐谱，然后对指挥者的怀疑予以否认，看看谁还能够继续坚持自己的想法。结果，虽然许多指挥者都发现了其中的问题，但是大部分人在被专家否定后就开始随声附和，只有小泽征尔始终坚持自己的正确意见，最终在大赛中夺魁。他的自信来自于专业能力——我能做得到。

人在走向社会之前，就像一张白纸一样，一切都是空白的。但只要你自信，你就可以在上面写下任何你需要的东西。自信，可以说是英雄人物诞生的孵化器，一个个略带征服性的自信造就了一批批传奇式的人物。当然，自信不仅仅造就英雄，也是平常之人成功的利器。缺乏自信的人生，不会是完整的人生。

在某个偏远小镇，有个女孩从小就失去了父亲，与母亲相依为命，靠给人做手工维持生计，生活非常艰难。女孩长到18岁，还从来没有穿过漂亮衣服，没有戴过名贵首饰，一直过着贫寒的生活，所以她非常自卑。

在她18岁圣诞节那天，妈妈破天荒地给了她20美元，让她给自己买一份圣诞礼物。她兴高采烈地跑出去，想到对面商店为自己买一件称心的礼物，却没有勇气走上宽阔的大路，因为那里人太多，她担心人家瞧不起自己。于是她紧攥着手里的钱，悄悄绕过人群，贴着墙根朝商店的方向走去。

一路上，她不断地偷偷打量路过的人们，觉得别人都比自己过得好，自己是小镇上最贫穷、最寒酸的女孩。当看到一位英俊的小伙子路过时，她想，今晚不知道哪个女孩会幸运地成为他的舞伴呢。就这样胡思乱想着，她终于来到了商店门口，一进门就被那琳琅满目的头花等发饰吸引住了，她从来没见过这么漂亮的东西。在她对着这些东西发呆时，售货员说："姑娘，你的头发真漂亮，如果配上这朵头花一定会更漂亮。”女孩还没来得及看价钱，售货员已经把头花戴在了她的头上，然后拿来镜子给她照。哦，她简直认不出自己了，像是一下子从丑小鸭变成了白天鹅。一朵小花竟有这么神奇的效果。

看完价格，她毫不犹豫地付了钱，怀着无比激动的心情跑出商店，不料被迎面进来的一位绅士撞了一下。绅士连忙道歉，她已经顾不上这些了，只顾着跑。

她不再沿着墙根走，而是昂首挺胸走在大路中间。当她穿越人群时，人们向她投来羡慕的目光，她听到人们议论说：“真没想到小镇上还有这么漂亮的姑娘！”她心里美极了，因为从来没人夸过自己美。当她再次遇到刚才那个英俊的小伙子时，居然听到他对自己说：“不知道今天晚上能不能邀请你做我圣诞舞会的舞伴呢？”

她简直心花怒放，心想索性回去，用剩下的 4 美元再为自己买点东西，于是又匆匆跑回商店。这时那位绅士正在门口站着，见她跑过来，大声说道：“我知道你会回来的，刚才你出门的时候，把头花撞下来了，我一直在这儿等你来取。”女孩愣住了！

真的是一朵头花弥补了女孩生命中的缺憾吗？其实，弥补缺憾的是她自信心的回归。

真正的自信源于自身，依靠外界建立的自信来得快去得也快。虽然每个人都希望得到别人的赞美，但是那不过是过眼云烟，只有自己相信自己，不断鼓励自己，才会有生生不息的力量，这也是一个人走向成熟的要素。

当然，自信不是盲目的，必须是建立在充分认识自己的基础之上，坚信“我能行”是一种积极的人生态度，激发你一往无前的勇气和潜能。这种态度加上你的能力，就构成了成功的要素。如今在众多商界领袖讲述的成功要诀中，“我能、我会、我要”等词，言简意赅，很具代表性。它们代表的含义分别是：我做得到，我会去做，我是最棒的。这是自信最本质的含义。

有主见才会有远见

成熟是一个人成长过程中必然经历的阶段，不管你在哪儿，无论你是谁，都是不可避免的。

SOHO 中国总裁潘石屹是网络红人，他说："一个人先要有主见，然后才能有远见。这个社会受媒体影响太大，总是人云亦云，如果你天天都被媒体上的新闻缠裹住，就很难理解事情的本质。所以，年轻人一定要独立思考问题，要有自己的主见，自己去探求事情的本质和真相。如果对事物没有洞察力，做任何事情都会比较短视，这样就容易走弯路。"

生活中，每个人的禀赋不同，学习的方式各异，将来的成就也各不相同，但在心智成长上却有着相同的规律可循。

生活所依赖的是能力和智慧，它们是学习和成长得来的。

人生是一个不断成长的历程，我们必须时时刻刻从经验中获得新的启发，让自己的心智不断成长。成长丰富了我们的精神生活，增强了我们的适应能力，相对地也增强了我们的信心和豪气。

成熟需要自立自强。这是自身能力的体现，也是对自身肯定的证明。汉时少将霍去病曾被人指责："乳臭未干的孩子也敢上战场?”他没有回答，而是单枪匹马地歼灭了众多敌人，并发出“匈奴未灭，何以家为”的豪言壮语。他用功绩，用行动自立自强，让别人哑口无言，成为了一代年轻有为的将领，并让自己走向成熟。他用自强与成熟保卫了汉室王朝。

所以，养成独立自主的习惯，将会助你成就一番事业。一个成功的人，从来不会依附于他人。依靠他人只会导致懦弱。力量是自发的，坐在健身房里让别人替我们练习，无法增强自己的肌肉力量。没有什么比依靠他人的习惯更能破坏自己独立自主能力的了。如果你依靠他人，你将永远坚强不起来，也不会有独创力。要么抛开身边的“拐杖”独立自主，要么埋葬雄心壮志，一辈子老老实实做个平庸之人。

爱默生说：“坐在舒适软垫上的人容易睡去。”那些总是在等着从父亲、富有的叔叔或是某个远亲那里得到钱的人，那些总是在等着被称为“运气”“发迹”的神秘东西来帮自己一把的人，永远无法自立，更不用说获得事业成功了。

一位伟大的诗人写下了这样的名句：“我是我命运的主人，我是掌握我灵魂的船长。”他告诉我们：我们是自己命运的主人，因为我们有力量控制我们的思想。是的，人生路上，一切都得靠自己——靠自己的理解，靠自己的意志，靠自己的追求……我们能做的只有不断努力，我们能依靠的只有自己。

英国著名作家笛福的《鲁滨逊漂流记》是一个自传式的人物故事。鲁滨逊喜欢航海和冒险，有一次，他出海途中遇到了大风浪，同伴们都葬身于大海，只有他一个人被冲到了一座荒无人烟的小岛上。于是，他做好了长期在这座荒岛上生活的准备。每天陪伴他的是凶猛的野兽，经过重重困难的考验，鲁滨逊终于生存了下来。更让人佩服的是，在这漫长的 28 年里，他靠着顽强的毅力与信念，竟然把一座荒无人烟的小岛建设成了一个世外桃源。

鲁滨逊自信、自立、自尊、自强，永不满足、不甘平庸的精神正是我们走向成熟的模板。

自立自强是成熟的保障。如果你做任何事都靠别人帮助的话，就难以在社会上立足，会被别人看不起，久而久之，就会发现自己连生存的基本能力也丧失了。周恩来总理一直被人们当作是成熟、自信、冷静的模范。他在回答校长“为中华之崛起而读书”时就已经体现了他独立自主、自立自强的意识。当别人还在为一些琐事而困扰时，他总是冷静思考，积极寻求解决方法，为中华民族的振兴做出了重大贡献。是他将中华民族的自立自强精神推向了高潮，人们永远铭记他。这也使得自立自强这一传统美德得到了更好的彰显。所以，我们要勇敢一点，学会自立自强，用成熟的理性创造生活。

成熟因自立自强而更深刻。不抛弃、不放弃，勇敢地面对生活，勇敢地迎接挑战是21世纪的青年人所必备的品质。所有这些品质的核心都可归结为自立自强。我们常对自己说：“我们是有作为、自立自强的青年，我们已经长大，我们已经成熟。”这意味着在学习上，我们有自己的见解；在生活中，我们有主见，敢于承担责任，不推诿；在遇到问题的时候，我们敢于面对现实，有自己的想法和主张。

但时下有许多年轻人，有好的学习机会，却不懂得把握，不好好用功，不接受师长的教导，不好好学习各方面的知识，有着虚有其表的自负和不可一世的态度。这些都阻碍了他们心智的成长。蹉跎时光的结果，使他们在往后真正需要独立生活的人生岁月中，在基本能力上和心智上虚弱不实，从而一蹶不振。

所以，如果你想开拓自己的人生，做一个有能力去实现自我的人，应注意以下几个实践方法：

在依赖中学习自主。

经得起寂寞，扛得起打磨。

理想要与现实结合。

知道时时除旧布新。

懂得自励、自制和自立。

这几个法则能帮助你心智成长，培养你的豪迈气度，令你的人生活得有意义、有价值。

当然，由依赖到自立，需要经历生活的磨练。泰戈尔说："只有流过血的手指才能弹出世间的绝唱。"要想理性成熟必须得经过一段时间的磨练与自我提升，才配得上成熟。经过努力与拼搏，你方能真正地独立自主、自立自强，向别人展示你成熟的一面。

“全力以赴”而不是“尽力而为”

一个人不论从事什么职业、经营什么事业，其过程中都不可能一帆风顺，总会遇到这样或那样的困难。很多时候，面对困难，尽力而为还不够，还必须全力以赴。

美国西雅图一所著名的教堂里，有一位德高望重的牧师——戴尔·泰勒。有一天，他向教会学校里一个班的学生们讲述了下面这个故事：

那年冬天，猎人带着猎狗去打猎。猎人一枪击中了一只兔子的后腿，受伤的兔子拼命地逃生，猎狗在其后穷追不舍。追了一阵后，兔子跑得越来越远了，猎狗只好悻悻地回到猎人身边。猎人气急败坏地说：“你真没用，连一只受伤的兔子都追不到！”

猎狗听了很不服气地辩解道：“我已经尽力了呀！”

兔子带着枪伤成功地逃回了家，兄弟们都围过来惊讶地问道：“那只猎狗很凶呀，你又带了伤，你是怎么甩掉它的呢?”

兔子说：“它是尽力而为，我是竭尽全力呀！它没追上我，最多挨一顿骂，而我若不竭尽全力地跑，那可就要没命了呀！”

泰勒牧师讲完故事之后，又向全班郑重地承诺：谁要是能背出《圣经·马太福音》中第五章到第七章的全部内容，他就邀请其去西雅图的“太空针”高塔餐厅参加免费聚餐会。

《圣经·马太福音》第五章到第七章的全部内容有几万字，而且不押韵，要背诵全文无疑有相当大的难度。尽管参加免费聚餐会是许多学生梦寐以求的事情，但是几乎所有人都浅尝辄止，望而却步。

几天后，班里一个11岁的男孩，胸有成竹地站在泰勒牧师面前，从头到尾地背诵下来，一字不漏，没出一点差错，而且到了最后，简直成了声情并茂的朗诵。

泰勒牧师比别人更清楚，就是在成年的信徒中，能背诵这些篇幅的人也是罕见的，何况是一个孩子。泰勒牧师在赞叹男孩惊人记忆力的同时，不禁好奇地问：“你为什么能背下这么长的文字呢?”

这个男孩不假思索地回答道：“我竭尽全力。”

16年后，这个男孩成了世界著名软件公司的老板，他就是比尔·盖茨。

泰勒牧师讲的故事和比尔·盖茨的成功背诵给了我们一个启示：每个人都有极大的潜能。正如心理学家所指出的，一般人的潜能只开发了2%～8%，像爱因斯坦那样伟大的科学家，也只开发了12%左右。人的潜能几乎是用之不竭的，谁要想出类拔萃、创造奇迹，仅仅做到尽力而为还远远不够，必须竭尽全力才行。

生活中，许多成功者在谈到自己的成功经验时，都特别强调全力以赴的精神和积极进取的激情。做事全力以赴占成功概率的九成，剩下一成靠的才是天赋。

要使自己全力以赴地做事，就必须时刻激励自己。德国人力资源开发专家斯普林格在《激励的神话》一书中写道：“强烈的自我激励是成功的先决条件。”然而，在工作中，总有人抱怨自己的业绩不突出，晋升不够快，报酬不够多。与其抱怨，不如静下心来想一想：“自己在解决问题时想尽所有办法了吗?”“自己是否真的做到了全力以赴呢?”实际上，很多人失败就是失败在做事没有全力以赴。

小时候老师告诉我们，有了知识就能拥有一切。长大后当面临激烈的市场竞争时，我们才知道自己拥有的知识不过是大海中的一滴水而已。

我们可以想象，当一个人在做某件事情的时候抱着尽力而为的态度，他还能成功吗?因为在事情还没有实施之前他已经想好了退路，只要遇到一点阻力他就有可能退缩，甚至就此放弃。

成功者的态度则完全不同——他们全力以赴。做事的时候，只要全身心地投入进去，就不会有跨不过去的坎。因为他们一开始就是以一个成功者的姿态投入到工作当中。

不管是“全力以赴”，还是“尽力而为”，都取决于我们面对挑战时的态度，即人的内因起关键作用，而知识、人脉、机遇、经验、阅历等都是外因。

竞争中永远没有可以懈怠的时间，你稍有怠慢，别人就有可能追上你、超越你、取代你。现实中，有才高八斗而未被重用的人，有满腹经纶总提建议而未被采纳的人，有身居高位却无实权的人，等等。圣女贞德说：“所有战斗的胜负首先在自我的心里见分晓。”确实如此，每个人的心都需要不断被激励，只有激励才能激起自身的激情和热忱。因此，一个人在其他方面都具备的情况下，一旦懂得自我激励，自我塑造的过程也就随即开始。“全力以赴”可以把他塑造成一个不怕困难迎接挑战的英雄。

所以，请全力以赴地去完成自己的任务，坚持做一只拼命奔跑的“兔子”——做最好的自己！

吃得苦中苦，方为人上人

古人云：“吃得苦中苦，方为人上人。”意思是说，人要敢于吃苦，在苦难中成长成才，才能最终出人头地。这句话的含义很多人都明白，但它真正的价值又有多少人能领悟呢？

就成才而言，不管是顺境还是逆境，都是外因，而内因才起关键作用。之所以“自古英豪出贫贱，纨绔子弟少伟男”，是因为顺境中的人容易受迷惑，往往贪图享受，不知奋进，不知道苦难为何物。而没有志向，没有进取心的人，又怎么能成才呢？逆境中的人则不同，他们饱受磨难，一次次地与命运和困难作斗争，为走出逆境，他们大多树立了远大志向和坚定目标。人没有压力不抬头，没有动力不奋进，一旦二者兼备，就会发挥出令人吃惊的潜力。

世界球王贝利喜得贵子，有记者贺道：“看他长得多壮，今后会成为像你一样的体育明星。”贝利不假思索地答道：“他有可能成为一位优秀运动员，但绝不会有我这样的成功。就因为他很富有，缺乏先天竞争意识，而我小时候却非常贫穷。”贝利从自己成长中总结出的道理确实是真知灼见。

古往今来，有许多名人是在逆境中奋进成功的。如司马迁，他因李陵一案身受宫刑，蒙受大辱，但他终于克服磨难，发愤写完了辉煌巨著《史记》。司马迁在给他的朋友任安的信中说："古者富贵而名磨灭，不可胜记，唯倜傥非常之人称焉。盖文王拘而演《周易》；仲尼厄而作《春秋》；屈原放逐，乃赋《离骚》；左丘失明，厥有《国语》；孙子膑脚，《兵法》修列；不韦迁蜀，世传《吕览》；韩非囚秦，《说难》、《孤愤》。"可见，逆境可以让坚强的人取得成就。再如美籍华人张士柏，他经历了从游泳健将到高位截瘫者的巨大变故，但并未因此一蹶不振，反而将它化为动力，勤奋学习，完成了许多健康人都做不到的事情。还有张海迪、李政道等，逆境中成才的名人不胜枚举。

现实生活中，在普通人身上也发生过不少身处逆境却毫不气馁，并最终奋斗成才的感人故事。

一个网站上登载了一篇《我修自行车的老爸》的帖子，这是一位网名叫"TOBENO. 1"的网友的自述。他在文中写道：

"说起老爸，我从来都是理直气壮。我有一个修了17年自行车的老爸，尽管他很普通、很平凡，却很伟大。

"我是在老爸的修车摊上长大的，记得很小的时候，父亲就修自行车。他每天忙碌着，陪我和妈妈的时间很少。早晨我醒的时候，他已经出摊了；晚上他回来，我已经睡觉了。在我的记忆中，爸爸的手总是黑黑地布满了裂纹和老茧，就是这双手撑起了一个贫穷的家。

"时间过得很快，我上了中学，每次从学校回来都会经过爸爸的修车摊。每天中午都是由我给他送饭。一次，爸爸给一个路人补胎，那人说忘了带钱，爸爸挥了挥手，说：'钱不要了，以后车坏了再来修。’一些盲人、聋哑人、老人，不管修什么车，他都不要钱。爸爸的吃苦耐劳、善良厚道，给我上了人生的第一课。

“2010 年，我大学毕业了。实习期间，我在爸爸的修车摊边上摆了一个水果摊。爸爸忙的时候，我便给他帮帮手。一次，补胎后，我问：‘补一个胎多少钱?’爸说：‘两块。’我心里一惊，我与姐姐各上了 4 年大学，需要花费 10 万元，这 10 万元需要补多少胎呀！我用敬佩的目光看着爸爸，懂得了什么叫父爱，什么叫珍惜，什么叫奋斗。

“大学毕业后，我留校当了老师。我能挣钱了，常给爸妈寄些钱补贴家用，怕老爸冬天冷，给他买了棉皮鞋、保暖内衣。我和姐姐都劝他，都 60 岁了，又有胃病、老寒腿，别出摊了，可他仍然一年四季修车，又添了配钥匙的业务。他每天仍然是天一亮出摊，天黑了才拖着疲惫的身子回家。

“今年回家过年，我很兴奋。一年没见到老爸了，中午回到家，进门喊了声‘爸，妈’。可只听到妈妈应声。妈妈说：‘你爸在车摊上哩。’做好饭，我顾不上吃，急匆匆给爸爸送去。爸爸还在忙着修车，寒风吹着他的脸，吹着他身上那件穿了 20 年的绿大衣。他的脸上似乎又多了皱纹，腰有些弯，我喊了一声‘爸’，差点哭出来。

“我是一名大学教师，我在学生中常炫耀我有个修自行车的老爸。我是学生的老师，可爸爸是我的老师，他留给我的精神财富比百万千万的金钱更珍贵。”

为什么穷人的孩子能早成才呢？因为环境影响了他，家庭教育了他，这些对他产生了积极向上的影响。

该文很快成为热帖被数万人转载。后经网站查证，这是一个真实的故事，作者的真实姓名叫杜传青，祖籍邢台，现任江西科技学院数字技术系教师。他在视频中与采访他的记者讲述了父亲修自行车的故事。今年春节回家他只待了10天，再一次被60岁的老爸修自行车感动。过年只歇了5天，他老爸就又修自行车去了。这位老爸的脑海里没有节假日这个概念，一年四季，他总在自行车摊上忙碌着。大年三十，一家人都劝他不要去修车了，可他还是坚持要去。中午杜传青给他送的是饺子。他特意多带了一些，希望陪父亲一起吃个团圆饭。修车摊上非常寒冷，周围白雪茫茫，寒风一阵阵吹来，这位老爸的手和脸都没洗，蹲在地上，大口大口地吃着饺子。可杜传青却无法下咽，一年四季老爸在这个摊上吃了多少顿饭，想着想着，他心一酸，眼泪就流了出来。

杜传青的老爸叫杜义厚，60岁了，曾是个打工者，做过饭、烧过锅炉、当过门卫。1996年开始修理自行车。杜义厚坦言，老伴没工作，他修自行车一年能挣2万多元，供儿女读完大学，家中没多少积蓄，最值钱的是儿子的10多个奖状和证书，从小学、中学、大学到当大学教师，儿子获得了三好学生、优秀大学生、优秀教师等荣誉称号。他说："这些是花多少钱也买不来的。尽管我是一个修自行车的，但我有这样的好儿子，吃再多苦、受再多罪也值。"

另一件事让杜义厚感到更加荣耀，他的儿子大学毕业后因各项成绩突出留校任老师，从2200名毕业生中仅选了他儿子一个。他得知这一消息后，高兴地问儿子："咱家那么穷，为啥学校选中了你?"儿子说："这也有您一份功劳。"他百思不得其解。儿子说："在修自行车摊上，我知道了吃苦、奋斗，所以我在学校发奋学习。为了勤工俭学，我在学校打扫卫生、捡塑料瓶，去饭店端盘子，不仅使我获得了一些收入，还赢得了师生们的尊重和赞扬。”杜义厚又对记者说：“听了儿子的话，我心里宽慰了许多。尽管也有人用异样的眼光看我，但我感到自己并不比别人矮。我用辛勤的劳动挣钱，儿女大学毕业后都成了才，这比拥有别墅、高级轿车还珍贵。”

生活中，面对逆境，有的人跨了过去，功成名就；有的人甚至一些高智商人才，却陷了进去，被淘汰出局。因此，我们身处逆境要善于忍耐，沉得住气，受得起委屈，吃得起苦头，坐得住冷板凳，韬光养晦。如果在逆境中错判情势，急于求成，就可能招致更大的灾难和祸患。我们只有坦然自处，奋发有为，有“突围”的勇气，才可能在时机成熟时化不利为有利，成就自己。

强化自尊和自信

美国著名社会心理学家马斯洛说：“自尊需要的满足导致一种自信的感情，使人觉得自己在这个世界上有价值、有力量、有能力、有位置、有用处和必不可少。”

著名企业家迈克尔出身贫寒，他的家庭穷困。在从商以前，他曾是一家酒店的服务生，负责给客人搬运行李、擦车。

有一天，一辆豪华的劳斯莱斯轿车停在酒店门口，车主人吩咐道：“把车洗洗。”迈克尔当时刚刚中学毕业，还没有见过世面，从未见过这么漂亮的车子，不免有几分惊喜。他边擦洗边欣赏这辆车，擦完后，他忍不住拉开车门，想坐上去享受一番。这时，领班正好走了出来。“你在干什么？穷光蛋！”领班训斥道，“你不知道自己的身份和地位吗？你这种人一辈子也不配坐劳斯莱斯！”

受辱的迈克尔从此发誓：“这一辈子我不但要坐上劳斯莱斯，还要拥有自己的劳斯莱斯！”他坚定了自己的信念，并开始为之努力。感谢那位领班，许多年以后，当迈克尔事业有成时，买了一部劳斯莱斯轿车！

如果迈克尔也像领班一样认定自己的命运不会改变，那么，也许今天他还在替人擦车、搬运行李，最多做一个领班。

霍兰德说：“在最黑的土地上生长着最娇艳的花朵，那些最伟岸挺拔的树木总是在最陡峭的岩石中扎根，昂首向天。”而高普更是一语道破天机，他说：“并非每一次不幸都是灾难，早年的逆境通常是一种幸运，与困难作斗争不仅磨练了我们的意志，也为日后更为激烈的竞争准备了丰富的经验。”

美国 NBA 联赛中有一个夏洛特黄蜂队（现为新奥尔良鹈鹕队），黄蜂队里有一位身高仅 160 厘米的球员，他就是蒂尼·伯格斯——NBA 最矮的球星。伯格斯这么矮，怎么能在巨人如林的篮球场上竞技，并且跻身于大名鼎鼎的 NBA 球星之列呢？这一切，归结于伯格斯有足够的自信。

伯格斯自幼十分喜爱篮球，但由于身材矮小，伙伴们都瞧不起他。有一天，他很伤心地问妈妈：“妈妈，我还能长高吗？”妈妈鼓励他说：“孩子，你能长高，长得很高很高，会成为人人都知道的大球星。”从此，长高的梦就像天上的云在他心里飘动，每时每刻都闪烁着希望的火花。

“业余球星”的生活即将结束了，伯格斯面临着更严峻的考验——160 厘米的身高能打好职业赛吗？

伯格斯横下心来，决定要在高手如云的 NBA 赛场上闯出自己的一片天地。“别人说我矮，反倒成了我的动力，我偏要证明矮个子也能做大事情。”在威克·福莱斯特大学和华盛顿子弹队的赛场上，人们看到蒂尼·伯格斯简直就是个“地滚虎”，从下方来的球 90% 都被他收走……

后来，凭借自身精彩出众的表现，蒂尼·伯格斯加入了当时实力强大的夏洛特黄蜂队。在一份关于他的技术分析表上写着：投篮命中率 50%，罚球命中率 90%……

一份杂志专门为他撰文，说他个人技术好，发挥了矮个子重心低的特长，成为一名令对手害怕的断球能手。“夏洛特的成功在于伯格斯的矮”，不知是谁喊出了这样的口号。许多人都赞同这一说法，许多广告商也推出了“矮球星”的照片，上面是伯格斯淳朴的微笑。

成为著名球星的伯格斯始终牢记着当年母亲鼓励他的话，虽然他没有长得很高很高，但可以告慰母亲的是，他已经成为人人都知道的大球星了。

其实，每一个生命都不卑微。生活中，也许我们常常会看到这样的人，他们因自己内心的卑微而否定自己的智慧，因自己地位的低下而放弃自己的梦想，有时甚至因被人歧视而消沉，因不受人赏识而苦恼。事实上，我们应该感谢别人强加给我们的屈辱，是他们强化了我们的自尊和自信。

通过研究现在的很多成功人士我们可以看出，拥有强烈的自尊是他们共同的特点。他们中的许多人在幼年时就意识到了自我价值的重要性。他们在体育运动、商业、艺术等各个领域中，都有着自己的独到见解，有着很强的自我价值感和自信心。他们希望别人了解自己，并把这看成是有意义的事。他们非常自然地吸引着朋友和支持他们的人，这些人很少是孤独的。

“我喜欢我自己，我真的非常喜欢我自己。不论是我父母说的，还是我自己的感觉都是这样。我非常高兴我是我自己。我愿意成为我自己，而不愿是历史上任何时代的别人。”伟大的思想巨匠卢梭，曾在他的一篇著名演讲词中诠释了自尊的力量。他说：“自尊是一件宝贵的工具，是驱动一个人不断向上发展的原动力。它将全然地激励一个人体面地去追求赞美、声誉，创造成就，把他带向他人生的最高点。”自尊是对自己的一种敬意，它教会了我们要有尊严，要爱自己的肉体和灵魂，要肯定自己，要将自立放在重要位置，而不是依靠他人，接受他人的施舍。

生命的活力在于折腾

很多人自踏入社会的那一天开始，就患得患失，思前虑后，怕折腾，也经不起折腾。但是，不折腾怎么知道能不能成功呢？经得起折腾才有活力，只有不怕折腾才能让生活更加充实，沉淀的人生阅历才会更为厚重。

一位父亲带儿子去参观梵高故居，在看过那张小木床及裂了口的皮鞋之后，儿子问父亲："梵高不是位百万富翁吗？"父亲答："梵高是位连妻子都没娶上的穷人。"第二年，这位父亲带儿子去丹麦，在安徒生的故居前，儿子又困惑地问道："爸爸，安徒生不是生活在皇宫里吗？"父亲答道："安徒生是位鞋匠的儿子，他就生活在这栋普通的小阁楼里。"这位父亲是一个水手，每年往来于大西洋的各个港口之间。他的儿子叫伊尔·布拉格，是美国历史上第一位获普利策奖的黑人记者。

20年后，在回忆童年时，布拉格说："那时我们家很穷，父母都靠出卖苦力维生。有很长一段时间，我一直认为像我们这样地位卑微的黑人是不可能有什么出息的。好在父亲亲自让我认识了梵高和安徒生，这两个人告诉我，上帝没有这个意思。”

在现实生活中，你是否发现了这样一个现象：人们常因自己角色的卑微而否定自己的智慧，不敢采取任何行动；常因自己地位的低下而放弃儿时的梦想，有时甚至因被人歧视而消沉，为不被人赏识而苦恼。这是犯了一个多么大的错误啊！

海伦·凯勒说：“人生要是不大胆地冒险，便会一无所获。”所以，我们应当趁年轻，多折腾，多欣赏一下沿途的风景，不要因急于抵达目的地而错过了流年里温暖的人和物；趁年轻，多折腾，不要因害怕被人笑话而错过了生命中最美好的片段和场合；趁还年轻，把距离缩短，把时间延长。

折腾等于体验，亲身体验是最深刻的智慧。社会是最好的学校，实践是最好的老师。你觉得今天自己不太好，是因为过去别人对你太好；要想未来更好，就不要奢求别人对你太好。小折腾只能磨练出小人物，大折腾才能磨练出大人物。

在英国萨伦港的国家船舶博物馆里，停泊着一艘有着传奇经历的船。这艘船 1894 年下水，在大西洋上曾 138 次遭遇冰山，116 次触礁，13 次起火，207 次被风暴扭断桅杆，然而它从来没有沉没过。不过，让这艘船扬名四海的是一名律师。当时，他刚刚打输了一场官司，委托人也因为官司的失败于不久前自杀了。尽管这不是他第一次打输官司，也不是他遇到的第一例自杀事件，但是，每当遇到这样的事情，他总有一种负罪感，真不知该怎样安慰这些在生意场上遭受了挫折和失败的人。

有一天，这名律师在萨伦船舶博物馆看到这艘船时，忽然眼前一亮，心想：为什么不让那些生意场上的勇士来参观一下这艘船呢？回去之后，律师就把这艘船的照片和它饱经沧桑的历史挂在他的律师事务所里，每当商界的委托人请他辩护，无论官司输赢，他都建议这些商场精英去看看这艘船。久而久之，这艘船以其独特的警醒价值而受到世界游客的青睐。

这个案例向我们表明，在波涛汹涌的大海上航行，遭遇风浪是极为平常的事情，而永不沉没的意志与精神才能使每一艘航船胜利地到达彼岸。人生在世，如同这条船一样，要经得起折腾。因为人就是折腾着来到这个世界，又折腾着离开这个世界的。折腾，人生才能丰富多彩；折腾，人生才更有滋味。

联想集团的柳传志在培养人才方面，总是要狠狠地“折腾”一番，尤其是对企业的管理人才。他有一句名言：“折腾是检验人才的唯一标准。”他有两个接班人：杨元庆和郭为。为了培养这两个人，柳传志将他们一年调换一个新岗位，“折腾”了十几年，才把他们培养成了“全才”。

华为也流传着一句名言：“烧不死的是凤凰。”意思是，只有经得起“折腾”的人，才是真正优秀的人才。

对大多数人来说，因为看过了世界，才安心在一个地方生活下来；因为折腾过，才最终收获了安心。无论是普通上班族还是企业家，经得起折腾是成功的必备素质。折腾等于体验，亲身体验是最深刻的智慧。如果你发现自己还有某方面的潜能没有开发出来，那就大胆地折腾去吧！生命在于折腾，越折腾越有活力！

Chapter4
等待机遇，不如去努力创造

机遇从来不怠慢人，只有人怠慢机遇。机遇是靠自己争取、创造来的，别人给不了，也等不来。有时机遇看似遥远，其实它就在身边，只要努力，用心去寻找，就会发现机遇就在前面拐角处静静地等着与你相会。但是如果你放弃努力了，放弃寻找了，就会失去原来属于你的机会。可见，机遇只垂青于那些懂得怎样追求它的人。

与时俱进，捕捉机遇

正如培根所说，许多时候，机遇不是主动送上门的，而是需要人们主动地去寻找和发现。有时机遇的出现具有重要的社会性和历史性，例如，我国改革开放后，全国各大中城市造型别致的高楼大厦一座接一座拔地而起，我国迅速进入了一个崭新的知识经济时代。多数人都把日新月异的变化看作智慧和财力的结晶，由衷地赞叹。还有一些人希望能在这场翻天覆地的变化中寻找到自身发展的商机。

以往的高层楼房的供水大都是采用建水塔或在楼顶建水箱，然后再用巨大的水泵提水的办法加以解决。由于水泵扬程有限，太高的楼房送水需要分级提水，不仅投资大，耗能多，而且水质也易受污染，因此有一定的弊端。当时，国外也是采用这种传统的办法给高楼供水的。

一个人从中看到了潜力巨大的市场，这个人叫石山麟，是国内一所大学的讲师。在瞄准这个市场后，他果断地辞去了大学讲师的职务，单枪匹马下到街道，开始了“给水革命”的探索。

为了攻克技术难关，他召集了一批工程技术人员，并带领他们夜以继日地研究相关材料、技术、设备，最终成功研制出一套成熟的、经得起市场考验的全自动气压给水设备。这套给水设备体积小，使用简单，更为重要的是效率很高，可以安置在一楼或地下室，一次就能把水送往 50 层高楼，比建水塔或楼顶水箱节省投资 50% 到 80%，而且水质不受污染。

很快，人民大会堂、新华社新闻大厦、中央电视台等驰名中外的建筑物，都改用或一开始就采用了石山麟的给水设备，而且反映良好，石山麟取得了空前的成功。

需要决定市场，石山麟的成功就是顺应时代需要的结果。如果没有市场需求，无论设计出来的东西多高端，多精美，也不会有人问津的。相反，如果顺应时代需要设计人们需要的东西，人们就会乐意购买你的东西，捧你的场，这样，机遇自然也就会青睐于你。

恩格斯说过："社会一旦有技术上的需要，则这种需要就会比 10 所大学更能把科学推向前进。"人类的发展史证明了这个论断。

认识和利用社会、时代需要，就会催生成功的发明创造和重要的发现。这是因为，任何人都不能主观地选择社会、选择时代，只能在一定的条件下，去认识社会、时代为你提供的条件，进而加以改造和利用。

从这个意义上讲，你顺应社会、时代需要，社会、时代也就宠爱你。

陈章良就是这样一个顺应时需，看准了就干的人。陈章良是美国华盛顿大学生物系植物分子生物学及基因专业博士研究生，曾任北京大学生物系主任，北京大学生命科学学院院长。

1993 年，陈章良出任北京大学生命科学学院院长，这个时候他瞄准社会、时代的需要，构想如何把生命科学的研究推上新台阶，并让新成果以最快的速度进入经济领域。在这个想法的驱使下，他开始分步实施“北大中国生物城”计划，最终取得了一系列在国际领先的研究成果，为学院、为国家赢得了荣誉。

作为国家蛋白质工程及植物基因工程重点实验室的负责人，他主导和承担的多项科技攻关已伸展到世界生物技术的前沿。站在生物科学前沿的陈章良深深懂得技术产业化对中国的意义，他深感“技术如果没有开发，躺在实验室里就永远是技术”，因此，他把开创中国的生物工程产业作为他这一代生物学者的天职。

在顺应时代需要方面，陈章良曾这样说道：

“如今的科学家已不是人们观念中的那种样子了。现代科学是一种广泛交流的科学，特别是搞实验科学尤其需要有将帅之才的科学家，绝不是只躲进小楼，不问天下。不做研究以外的事，几乎就谈不上事业的发展，甚至连实验都可能保不住。”

陈章良是这样说的，也是这样做的，他把自己一天的时间分成了几部分：1/3 的时间在实验室做研究；1/3 的时间用于北大生命科学学院的创建和管理；1/3 的时间用来筹建北大中国生物城。还有不超 6 小时的睡眠。

正如他自己所言，他正是紧盯时代发展步伐才找到了适合自己发展的专业领域，让自己大展身手的。

显然，与时俱进、主动捕捉发展机会不仅仅只是具有高技术人才的专利，普通人也要具有这样的可贵意识，才能让自己顺应潮流的发展，得到机遇的青睐。

准确地把握好机遇

对于成功，人们疑问最多的是：我有成功的目标和欲望，但机会从哪里来？

许多成功学家告诉我们，机遇总是来去匆匆，从不为任何人稍作停留。但这并不是说机遇可遇而不可求，恰恰相反，很多机遇可遇亦可求。所谓可求，就是说每个人都可以为自己制造机遇，机遇也常常会与你不期而遇。而你需要做的事情只有一件：行动起来，时刻准备好。

《大话西游》中有句话说得特别有意思："曾经有一份真挚的爱情摆在我的面前，我没有珍惜，等我失去的时候，我才后悔莫及……"爱情需要机遇，人生也需要机遇，要想成就一番事业，让生命辉煌，更要善于把握机遇。生活中有太多的人抱怨自己运气不好，总是没有机会。其实他们的生活中并不是没有出现机遇，而是当机遇出现时，他们没有好好把握。

美国百货业巨子约翰·甘布士在谈到成功的经验时说："不要放弃任何一个哪怕只有万分之一的成功机会。"在追求事业的征程中，有时稍有疏忽，裹足不前，就有可能与机遇失之交臂。

古语说得好："机会老人先给你送上他的头发，如果你一下没有抓住，再抓就会撞到他的秃头了。"不失时机、准确地把握机遇，对步入成功之路的你来说至关重要。

有个人某天晚上碰到了上帝。上帝告诉他，有大事将要发生在他身上。他有机会得到很多的财富，成为一个了不起的大人物，并在社会上获得卓越的地位，而且会娶到一位漂亮的妻子。

这个人终其一生都在等待这个承诺的实现，可是到头来什么事也没发生。他穷困潦倒地度过了一生，最后孤独地死去。当他上了天堂，看到上帝时，他很气愤地对上帝说："你说过要给我财富、很高的社会地位和漂亮的妻子，可我等了一辈子，却什么也没有，你在故意欺骗我！"

上帝回答他："我没说过那种话，我只承诺过要给你机会得到财富、一个受人尊重的社会地位和一位漂亮的妻子，可是你却让这些机会从你身边溜走了。"

这个人迷惑了，他说："我不明白你的意思。"

上帝回答道："你是否记得，你曾经有一次想到了一个很好的商业创意，可是你没有行动，因为你怕失败而不敢去尝试？"

这个人点点头。

上帝继续说："因为你没有去行动，这个创意几年后给了另外一个人，那个人马上就去做了。还有一次，城里发生了大地震，大半的房子都毁了，好几千人被困在倒塌的房子里，你有机会去帮忙救援那些存活的人，可是你害怕小偷会趁你不在家的时候，到你家里去打劫、偷东西而未去。"

这个人不好意思地点点头。

上帝说：“那是你去拯救几千个人的好机会，而那个机会可以使你在社会上得到莫大的尊敬和荣耀!”

上帝继续说：“有一次你遇到一个金发碧眼的漂亮女子，当时你就被她强烈地吸引住了，你从来不曾这么喜欢过一个女人，之后也没有再碰到过像她这么好的女人了。可是你认为她不可能会喜欢你，更不可能答应跟你结婚，因为你害怕被拒绝，所以只能眼睁睁地看着她从身旁溜走。”

这个人又点点头，流下了眼泪。

上帝最后说：“我的朋友啊！就是她！她本来应是你的妻子，你们会有好几个漂亮的小孩，而且跟她在一起，你的人生将会有许许多多的乐趣。”这个人无言以对，懊恼不已。

其实，每个人身边都围绕着很多机会，可是人们却经常像故事里的那个人一样，总是因为种种顾虑而停止了脚步，使得机会悄悄地溜走了。

机遇是给有准备的人的！它像是一个美丽而性情古怪的天使，骤然降临在你身边，如果你稍不注意，它又会翩然而去，不管你怎样扼腕叹息。

生活中，时机的把握甚至完全可以决定你是否有所建树。所以，你应时刻准备好，迎接机遇的到来，哪怕这个机会只有万分之一。

笛卡儿患病期间躺在床上休息，无意中看到天花板上的蜘蛛网，于是琢磨着其中的奥妙，创立了新的数学分支解析几何。伽利略看着被微风吹拂而轻轻摇摆的吊灯，发现了灯摆动的定时定律，并由此制成了钟表。在这些看似偶然的机缘背后，是科学家们坚实的知识基础、锲而不舍的探索精神，当然还有他们善思的习惯和敏锐的观察力。

如果说摇摆的吊灯、蜘蛛网中藏着机遇或机缘，那其他研究科学的人为什么会熟视无睹、发现不了呢？也许迟钝就是主要原因，而之所以迟钝，则与知识功底不扎实、缺乏敏捷的科学思维以及不能专心致力于自己的事业有关。而所有这些知识、思维能力和专心，都离不开一个人长期的锻炼和磨砺。有一句格言说得好：“幸运之神会光顾世界上的每一个人，但如果她发现这个人并没有准备好要迎接她，她就会从大门里走进来，然后从窗子飞出去。”

偶然的机会只对勤奋工作的人有意义。

流传甚广的奥尔·布尔的一件逸事能够更好地说明这个道理。

这位杰出的小提琴家，多年以来一直坚持不懈地练习拉琴。通过不断的练习，他的技艺早已成熟到后来他出名时的那个程度了，但是他仍旧默默无闻，不为大众所知。

有一次，当这个来自挪威的年轻乐手正在演奏的时候，著名女歌手玛丽·布朗恰巧从窗外经过，奥尔·布尔的演奏使她如醉如痴，她从来没有想到小提琴能够演奏出如此动人的音乐，她赶紧询问了这个不知名乐手的姓名。随后不久，在一次影响力极大的演出中，由于她突然与剧场经理发生了分歧，不得不临时取消了自己的节目。在决定安排什么人到前台去救场时，她想到了奥尔·布尔。面对聚集起来的大批观众，奥尔·布尔演奏了一个多小时，就是这一个多小时，使奥尔·布尔登上了世界音乐殿堂的巅峰。对于奥尔·布尔而言，那一个小时便是机遇，只不过，他早已为此做好了准备。

所以，成功的秘密在于当机遇来临的时候，你已经做好了把握住它的准备。对于懒惰者来说，再好的机遇也是一文不值；对于没有做好准备的人来说，机遇只会彰显他的无能和丑陋，使他变得荒唐可笑。

没有成功会自动送上门来，也没有幸福会自动降临到一个人身上。这个世界上所有美好的东西都需要我们主动去争取。婚姻如此，财富如此，快乐如此，健康如此，友谊如此，学习如此，机会如此，工作如此。

记住，除了你自己，没有人可以阻挡你成功。当你主动的时候，一切将变得容易，世界将变得和谐，人生自然会变得美好。

变被动为主动

对同一问题的判断可能会有不同的方式，正所谓殊途同归。比如，一台机器出现了故障，工程师能够凭借机械运动理论找出故障的位置，而一位资深的老技工通过仔细听机器运行的声音同样可以正确判断出机器有毛病的位置。这说明，做成事的途径不止一种。同样，成功的路径也往往不止一种。

佛瑞迪是个很懂事的孩子，在暑假将临的时候，他对父亲说："我不要整个夏天都向你伸手要钱，我要找个工作。"父亲想了想答应了。

于是，佛瑞迪开始从广告栏中寻找招工的启示，最后，他找到了一个很适合自己做的工作。广告上说找工作的人要在第二天早上 8 点钟到达 42 街的一个地方。佛瑞迪到时已经有 20 个求职者排在前面，他是第 21 位。

怎样才能引起考官的特别注意而赢得职位呢？根据佛瑞迪所说，只有一件事可做，那就是动脑筋思索。于是他进入那最令人痛苦也最令人快乐的程序：思索。在真正思索的时候，总是会想出办法的，最终佛瑞迪想出了一个办法。他拿出一张纸，在上面写了一些东西，然后折得整整齐齐，走向秘书小姐，恭敬地对她说：“小姐，请马上把这张纸条交给你的老板，这非常重要！”

秘书小姐是一名老手。她的直觉告诉他，这个小伙子身上散发着一种高级职员的气质，她把纸条收下了，并立刻站起来回身走进老板的办公室，把纸条放在老板的桌上。老板看了纸条，紧锁的眉头放松了，他大声笑了起来，因为纸条上写着：“先生，我排在队伍的第21位，在您看到我之前，请不要做出决定。”

结局怎样呢？结局是：佛瑞迪如愿以偿地得到了那份工作。

在很多事情面前，由于某些原因，我们的胜算并不大，这时就要想办法争取机会，怎样争取这样的机会？一是要有勇气，二是要有技巧。

应该说，遇到机会就主动出击去争取总会争取到一定的先机，美国历史上最年轻的总统肯尼迪，当年决定竞选总统的时候，很多人劝他：“你还太年轻，不如去竞选副总统要稳当些。”

肯尼迪经过思考，最后毅然决定主动出击，竞选总统。在竞选过程中，他稳扎稳打，发挥了自己的优势，利用电视媒体充分地向民众展现了自己的魅力，大选结束后，他如愿以偿地成为了美国历史上最年轻的总统。

在恰当的时候，主动出击，去迎接对手的挑战，看似有些冲动和不理智，其实却是最正确的做法。很多杰出的人，他们的成功就来自于自身的果断、雷厉风行的魄力，虽然也有犯错误的时候，但他们能抓住较多的机会，取得的成就因此也更大。

当初，比尔·盖茨决定放弃学业专心开发电脑软件时，曾力劝他的同学科莱特和他一起退学，合作开发财务软件，并向他阐明这是向创业主动出击的时刻。

不过科莱特拒绝了，因为他好不容易来到这里求学，怎么可以轻易退学？更何况那种系统的研发才刚起步而已。所以，他认为要开发财务软件，必须读完大学的全部课程才行。他觉得在大学里也能等到更多机遇。

10 年后，科莱特终于成为哈佛大学一个高材生，而退学的比尔·盖茨，也在这一年挤进了美国亿万富翁的行列。当科莱特拿到博士学位之时，那位曾经同窗的青年则已经晋升为了美国第二大富豪。

在 1995 年，科莱特终于认为自己已经具备足够学识，可以研发财务软件时，比尔·盖茨已经绕过原有系统，开发出新的财务软件，其速度比之前的系统要快 1500 倍，而且在两周之内，这个软件便占领了全球市场。这一年，比尔·盖茨成为世界首富。

坐等时机的结果一是可能失去机会，二是会卷入激烈的竞争中，只有主动出击才能让我们变得主动，因为只有选择进攻我们才会有改变现状的可能。完美的机会永远不会投怀送抱，更多的时候我们还需要主动出击为自己创造机会。在主动出击的过程中，会出现很多变量，在这些变量中，我们就能发现一个又一个良机。

无论在任何时候，主动出击都是为自己赢得先机的最佳的方法。面临被动时，主动出击可以让自己变被动为主动；处境良好时，主动出击则可以让自己取得更大的成功，因此，一定要学会在机会没到来之前，勇敢、主动、智慧地出击。

适合自己的才是机遇

显而易见，同样的机会不一定适合所有人，有的机会适合张三，适合李四，唯独不适合王五。如果王五不服气，一定要抓这个机会，那么对他来讲，这个机会可能是祸而不是福，所以说，当选择职业目标时，一定要定好自己的位置，然后再去选定。只有适合自己情况的机遇才是真正的机遇，否则就不是。

在社会的喧嚣中，在别人的影响下，许多人迷失了自我，看不清自己真正的位置，总是按照别人的看法、受别人的影响设计自己的人生，让自己“生活在别处”。显然，这样的出发点是不对的。

一般人总是认为，投身于时下最为热门的行业，总不会错，或者是跟着别人走也不会错，但等他们花尽毕生的力气追求之后，才恍然大悟，原来自己真正应该做的事情没有做，自己所追求的很多热门行业根本不适合自己，或者根本就没有意义。

在美国的一个小酒吧里，一位年轻小伙子正在用心地弹奏钢琴。说实话，他弹得相当不错，每天晚上都有不少人慕名而来，认真倾听他的弹奏。一天晚上，一位中年顾客听了几首曲子后，对那个小伙子说："我每天来听你弹奏，那些曲子我熟悉得简直不能忍受了，你不如唱首歌给我们听吧。"

这位顾客的提议获得了不少人的赞同，大家纷纷要求小伙子唱歌。然而，那个小伙子面对大家的请求却变得腼腆起来，他抱歉地对大家说："非常对不起，我从小就学习弹奏乐器，从来没有学过唱歌，恐怕会唱得很难听。"那位中年顾客却鼓励他说："小伙子，正因为你从没唱过歌，或许连你自己都不知道你是个歌唱天才呢！"此时酒吧的经理也出来鼓励他，免得扫了大家的兴。

小伙子认为大家想看他出丑，于是坚持说只会弹琴，不会唱歌。酒吧老板说："你要么选择唱歌，要么另谋出路。"小伙子被逼无奈，只好红着脸唱了一曲《蒙娜丽莎》。哪知道他不唱则已，一唱惊人，大家都被他那流畅自然、韵味十足的唱腔迷住了。

在大家的鼓励下，那个小伙子放弃了弹奏乐器的艺人生涯，开始向流行歌坛进军。这个小伙子后来居然成为了美国著名的爵士歌王，他就是著名的歌手纳京高。要不是那次被逼无奈地开口一唱，纳京高可能会一直坐在酒吧里做一个二流的演奏者。

物放错了位置成为废物，而人才放错了位置则变成庸才，其实有很多人旅途是要南下的，但是见车来了也不问是去哪里就上去了，这样就可能被带到了北方。可见，机会不是给谁都能带来益处的。

所以，一个人要寻找机遇，一是要做好准备，其次还要对机遇进行鉴定和分析，不要认为机会来了不问青红皂白先抓住再说，那样做很可能是不但害了自己还耽误了别人，因此要保证机遇是适合自己的，可以让自己增值，然后再努力去争取。

通常可通过如下几个方法来实现对机遇的鉴定。

第一是对机遇进行分析，包括对它适应的行业、专业、性别、年龄、前途年限等的考查。

第二是看它对入行的人的素质要求是什么。如果自己不具备机会所要求的素质，就要果断地放弃这个机会。

第三是要确定通过学习能够适应。有些工作有个积累和培养的过程，如果能确定自己通过学习和培训能够适应新工作，那么可以将之视为挑战自我、提升自我的机遇。反之，则不是，要考虑放弃。

总之，适合才是最好的，不适合，再好的机遇也不是你的“菜”，要果断放弃。只有那些适应你实际情况的机遇才是你的“菜”，才能“营养”你，也才值得你努力争取。

抢时机，靠速度

有的机会是有时效性的，正因为它有时效性，所以先抓住它就相当于抓住了成功的先机。所谓时效性，明白地说就是过时不候。比如，在某海岸城市，有一个著名的岛屿景点，岛上风光无限。海岸和岛屿之间相距不远，但却风大浪急，摆渡船只无法通过，游人要上岛上去观光，要等到海水落潮时，届时，岸边到岛上会露出一条神奇的通道，游人可边在通道捡美丽的贝壳边上岛。可是，这条通道的露出是有时间限制的，待到海水涨潮时，它就会被淹没。这就是说，如果要去岛上观风，就要抓住退潮的机会，这就是机会的时效性。

在现代，抓住机遇、获得成功就要注意对时间的把握。一定意义上说，时间意味着能否成功，谁能够最先产生好的主意，并将主意加以实施，谁先一步抢占市场，谁的收益就大，利润就高。有时，同样一个机遇既可以属于你，也可以属于他，这就有一个看谁捷足先登的问题了。

要捷足先登，就要靠速度，所谓兵贵神速。有人把机遇比作搭车，这一班车来了，一定要抓紧时间，赶快挤上去。至于下一班车什么时候到只有天晓得，也许永远等不来了。

有这样一个耳熟能详的寓言故事：

有两个猎人坐在一起等待猎物的出现，一会儿天上飞过来一群大雁，这时本应该是拉弓搭箭的时候，可他们俩却讨论起如果猎到大雁将把它们怎样吃的问题来。他们一个说烤着吃，一个说煮着吃，当他们取得了一个一致意见时，大雁已经飞得无影无踪了。这也是一个错过机会时效性的例子。

《台北民族晚报》上，曾经记述了林语堂博士当年的一个故事。

有一天，一位先生宴请美国名作家“赛珍珠”女士，林语堂先生也在被请之列，于是他就请求主人把他的席次排在“赛珍珠”之旁。席间，“赛珍珠”知道座上多是中国作家，就说：“各位何不以新作供美国出版界印行？本人愿为介绍。”

座上人当时都以为这是一种普通敷衍说词而已，未予注意，唯独林语堂当场一口答应。归而以两日之力，搜集其发表于中国之英文小品成一巨册，而送之“赛珍珠”，请为斧正。“赛珍珠”因此对林语堂印象甚佳，其后乃以全力助其成功。

据说，当日座上客中尚有吴经熊、温源宁、全增嘏等人，以英文造诣而论，均不在林语堂之下，如果在事后，他们能像林语堂那样认真，把作品送给“赛珍珠”，委托其帮助出版，那么，也极有可能像林语堂那般在美国取得成功。

由这个故事看来，一个人能否成功，固然要靠才能，要靠努力，但善于把握时机，不因循、不观望、不犹豫，想到就做，有尝试的勇气，有实践的决心，也是非常重要的。多少因素加起来才可以造就一个人的成功。有的人说成功源于一个很偶然的机会，但认真想来，这偶然机会能被发现，被抓住，而且被充分利用，却又绝不是偶然的。

另一个引自外国的故事也可以说明把握机会的重要性。

一位知名哲学家天生有一股特殊的文人气质，可能光顾着研究学问了，人到中年还没娶妻。某天，一个女子慕名前来向他求婚，女子对他说：“让我做你的妻子吧！错过我，你将再也找不到比我更爱你的女人了！”哲学家虽然也很中意她，但出于本能回答说：“让我考虑考虑！”

事后，哲学家用哲学的观点，将结婚和不结婚的优劣所在分别条列下来，才发现，好坏均等。于是，他陷入长期的抉择困惑之中，无论他又找出了什么新的理由，都只是徒增选择的困难。最后，他得出一个结论——我该答应那女人的请求。

于是，哲学家来到女人的家中，向女人的父亲说道：“老人家，我是专门来向你女儿求婚的，这是她事先向我提出的，我今天来是允诺来的。”女人的父亲冷漠地回答：“你来晚了，我女儿现在已经是三个孩子的妈妈了！”

哲学家听了此话，后悔不迭，他万万没有想到，向来自以为傲的哲学头脑，最后换来的竟然是一场悔恨。而后二年，哲学家抑郁成疾，临死前，他将自己所有的著作丢入火堆，只留下一段对人生的批注——如果将人生一分为二，前半段的人生哲学是“不犹豫”，后半段的人生哲学是“不后悔”。

徘徊观望是成功做事的大忌。许多人都因为对已经来到面前的机会没有信心，而在犹豫之间把它轻轻放过了。“机会难再”，即使它肯再来，光临你的门前，但假如你仍没有改掉你那徘徊瞻顾的毛病的话，它还是照样要溜走。

假如我们要去赶路，有车搭则搭车，无车搭则走路，总之，你要到达目的地，你就要行动，否则你就无法到达目的地，或者说是因时过境迁．你再到目的地时也无任何意义了。

正所谓“机不可失，时不再来”，有了机会就有了成功的希望，但前提之一是必须要能切实地抓住它，它才能为你所用。

在小事中发现你的机遇

荀子在《劝学篇》中说“不积跬步，无以至千里；不积小流，无以成江海。”这告诉我们世间一切大事业、大成就都是由无数的小事积累而成的。没有一砖一瓦，不可能盖成摩天大楼；没有一针一线，不可能织成华美锦服；没有一点一滴的小事，也不可能造就伟大的事业和成就。然而，快节奏的现代生活令人们大多急功近利，一心只想做大事、赚大钱，对小事不屑一顾，对小钱嗤之以鼻。其实大多数的企业家和成功人士并不是一开始就做成大事、赚到大钱的，而是从小职员、小伙计做起，一步一个脚印，脚踏实地、日积月累，才最终创造辉煌成就的。

沃尔玛公司总裁萨姆·沃尔顿的父亲是一名贫穷的油漆工，当初沃尔顿就是靠着微薄的打工收入念完高中的。这一年，他有幸被美国著名的耶鲁大学录取，但他却因缴不起学费，面临辍学的危机。于是，他决定利用假期像父亲一样外出做油漆工，以挣够学费。他到处揽活，终于接到了一栋大房子的油漆任务。尽管主人很挑剔，但给的价钱不低，不但够缴一学期的学费，甚至连生活费也有了着落。

这天，眼看即将完工，他把拆下来的橱门板涂完最后一遍油漆，然后将涂好的一块块橱门板再支起来晾干。这时，门铃响了，他赶紧去开门，不想却被一把扫帚绊倒，绊倒的扫帚又碰倒了一块橱门板，而这块橱门板正好倒在昨天刚粉刷好的雪白的墙面上，墙上立即有了一道清晰的漆印。他立即把这条漆印用切刀切掉，又调了些涂料补上。

一切干好后，他左看右看，总觉得新补上的涂料色调和原来的墙壁不一样。想到挑剔的主人，为了那即将得到的酬劳，他觉得应该将这面墙用涂料重新再粉刷一遍。

终于，他累死累活地干完了，可第二天一进门，他又发现昨天新刷的墙壁与相邻的墙壁之间的颜色也有色差，而且越细看越明显。最后，他决定将所有的墙壁重刷。

最后，就连那个挑剔的主人也对他的工作很满意，付足了他的酬劳。但是这些钱对他来说，除去涂料费用，就已经所剩无几，根本不够缴学费了。

屋主的女儿不知怎么知道了事情的原委，她将事情告诉了父亲。屋主知道后很是感动，在女儿的要求下，他同意赞助沃尔顿上完大学。

大学毕业后沃尔顿不但娶了这个屋主的女儿为妻，而且还进入了这个人的公司上班。十多年以后，他成为了这家公司的董事长。

沃尔顿的成功经历正像美国通用电气公司董事长韦尔奇说的：一件简单的小事所反映出来的是一个人的责任心，工作中的一些细节唯有那些心中装着大责任的人才能够发现，能够做好。事实验证了韦尔奇的这个说法。

32 岁的汤姆·布兰德成为美国福特汽车公司最年轻的总

领班，这在号称“汽车王国”的福特公司真可谓是一个奇迹。那么这个制造厂杂工出身的年轻人究竟是凭借什么脱颖而出，达到这个令人羡慕的事业高峰的呢？其实答案很简单，那就是——做好每一件小事。

汤姆20岁进入福特公司，开始时只是一个极普通的打杂工人，做的几乎都是零碎不起眼的小事。而汤姆从来没有怨言，而是认认真真地做好每一件小事。福特公司共有13个部门，每个部门的职能和工作性质都不相同，而汤姆几乎到每个部门都工作过，从而熟悉了各个部门的工作内容和性质。

一年半的杂工之后，他主动申请调往汽车椅垫部工作，将制作椅垫的技术全部掌握之后，他又陆续申请到电焊部、车床部、喷漆部等部门工作，不到5年的时间，他一点一滴地学会了几乎整个汽车零件的琐碎工作。最后，他申请调往装配部门工作。由于他熟知汽车的每一个零件和步骤，因此，他在装配线上大显身手，很快得到了上司的注意并把他升为领班。后来由于他对所有部门的业务都很熟悉，又升为15位领班的总领班，成为福特公司内一位有潜在发展前途的人。

在工作中，几乎没有一件小事是可以被忽视的。事业大厦的根基在于无数个不起眼的小事，而这些小事做成功了，才能够建造最稳固、最牢靠的事业大厦。汤姆·布兰德正是从无数的平凡的事做起，并努力将它们做好，才达成了他人生事业的高度。

实际上，事并无小事和大事之分，事与事之间都是相关联的，没有小螺丝钉，就建不成大飞机，同样也建不成航空母舰。有的人不屑于做小事，不是他做不了，而是他的思想在作怪，而做大事又没做成，所以一辈子碌碌无为，终生也没做成一件“大事”。

而有的人着眼于小事，踏踏实实、勤勤恳恳地做好每一件小事，最后提高了才能，赢得了机遇，获得了人生和事业的成功。所以，养成愿意并乐意做小事的习惯．用高度的热情和耐心对待生活和事业中的每一件小事，用心地做好每一件小事，机遇必然会垂青于你，你也必定能够取得成功。

把握机遇要靠自己的努力

在学习研究的过程中，一次偶然的机遇，导致了伟大而深刻的发现，使科学家因此成名；一个突如其来的机遇，使有的人大展才华，干出了一番惊天动地的事业，从而名垂青史；甚至一次意外的事变，竟影响了一个人的整个生涯，对他的发展起着转机作用……凡此种种，在实际生活中都是常有的。

日本经济团体联合会头面人物土光敏夫就是如此，他从高等工业学校毕业后，到一家新成立的造船公司任工程师，负责为巴西建造两艘高速货轮。交货后，由于巴西引水员领航出了错，一艘货轮出港时撞在码头上，但只造成货轮轻微损伤，货轮次日仍正常起航。

谁又能料到，竟是这一偶然的事故使日本造船业声威大震，订货者纷至沓来，仅 10 年工夫，日本造船业就打进了世界造船市场。当时世界上 10 艘货轮中就有 8 艘是日本货。后来土光敏夫被巴西请去创建造船业。很明显，土光敏夫后来能登上统领日本经济界的宝座，也和这次事故有很大关系。

披着神秘外衣的“机遇”，给人生涂上了很多扑朔迷离的色彩。它常常是不期而至，不告而别，稍纵即逝。你一心等它，可能长期不见其踪影；而你不去想它，又可能“时来运转”，受到它的光顾。所以，有的人常常把自己能否碰到好的机遇，归结为“运气”，有的甚至归之为“命运”。其实，机遇虽然难料，但也不是命运之神操纵的东西。

对于机遇的把握，有人归于运气的好坏，例如有人确有劳动时挖出金条、捡到钻石等可遇不可求的好运气。这只是非常个别的情况。把握机遇更要靠我们自己的努力。伟大的音乐家贝多芬一生穷困潦倒，在爱情上屡遭不幸，成年后又遭逢耳聋的厄运，但他能够“扼住命运的咽喉”，终于成为一代“乐圣”，他所凭靠的，正如他在给一位公爵的信中所说：“公爵，你之所以成为公爵，只是由于偶然的出身，而我成为贝多芬则是靠我自己。”

弱者等候机遇，而强者创造机遇。机遇虽受各种因素的综合影响，但不管如何，有一点是可以肯定的，那就是经过个人的努力，机遇是可以把握的。

有一家食品厂登出了招聘启事，许多人得到消息，纷纷赶来应征。

考核的时间还没到，外面却下起了雨，这时在外面急着将货品搬上车的工人跑了进来，向招聘的负责人求援，希望能找几位应聘的人到仓库帮忙。人事主管于是向大家询问：“有没有人愿意帮这个忙？”

许多应聘者认为这正是表现的大好时机，于是纷纷表示愿意，他们来到要装车的货物跟前，争先搬货。过了一会儿，厂长来到仓库，发现这么多人聚集在这里，立即找来负责的人问明原因，负责招聘的人便如实告知。没想到厂长却大发雷霆，怒斥道：“我不是说过了，要再过一段时间才招聘吗？”

正愉快地帮忙搬货的应聘者们听见厂长这么说，不少人当场发火说：“这么说来，你们不是在骗人吗？搞什么名堂啊！”

他们气愤地说着，并气呼呼地将手上的货物随手一扔，有的人干脆就离去了。此时，雨越下越大，仓库的负责人眼看着货物全堆在外面，焦急地请求他们帮忙，并允诺会给予报酬，应聘者们说：我们是来找工作的，不是来干零工的，我们可不能为你们在这里挨雨浇。说完一轰儿都走了。只有一个人在大家的嘲笑声中留了下来。

货物搬完后，这个人也没提报酬的事就往大门走去。然而，就在这个时候，人事主管忽然跑了过来，用力地握住他的手说：“恭喜你，你已经通过本公司的考核，请你明天就来报到上班吧。”

这个年轻人听了满头雾水，正在纳闷时，只见厂长站在前方，用赞许与肯定的目光，向他点头致意。

这位求职者之所以没有经过面试就被厂方聘用的原因在于他用实际行动证明了：他是为了工作和责任而来应聘工作的，这与其他人只为了找活而应聘不同。

毕竟，在有求于人的情况下，大家都会尽量表现出卖力、讨好的一面，然而，这些人只顾及一己之私，却不会为别人着想，这样的人自然也不会尽心尽力为公司付出。因此，在这个考验的过程中，老板清楚地看见多数人刻意的“企图”，如此一来，更加突显出那个年轻人良好的职业素质，也正因为如此，他赢得了工作的机会。

换个角度看工作吧！相同的事在不同的人的手中，必定会有不同的结果。而这个“不同”则在于你的态度和付出！西方有句谚语说得很好：只要你不嫌弃那是一块泥土，你就能让它变成黄金。让泥土变成黄金的关键，不是幻想，也不是魔法，而是你面对它的时候所持的态度，以及你的付出。

机遇靠主动去争取

多数的成功都离不开机遇的功劳。一次机遇，往往是一个人成功的开始。因此，善于成事者总是时刻准备好与机会“较劲”。我们知道，没有人会主动给你送来机遇，机遇也不会主动来到你的身边，只有你自己去主动争取。成大事者善于这样做：有机会，抓机会；没有机会，创造机会。

常有人发如此感慨：“如果给我一个机会，我也能……”他们把自己的命运系在一个等来的机会上，他们当然总也不会成功，他们可能至今仍在抱怨自己的命运，或者仍在等机会。

实际上，生活并不缺少机遇，而是缺少发现机遇和抓住机遇的素质。如果有了很高的素质，即使没有机遇，也能创造出机遇来。

许多拳击爱好者都看过泰森与霍利菲尔德的那些拳击争霸战。其中，泰森咬霍利菲尔德耳朵的场面，许多人看过去就算了，最多把它作为茶余饭后的谈资而已，谁能意识到这是一个发财的良机呢？你没有想到，不等于别人没有想到，美国的一个巧克力商人在泰森咬耳丑闻发生之后，赶紧推出了一种形状像耳朵的巧克力，上面缺了一个小角，象征着被泰森狠咬的霍利菲尔德的耳朵，巧克力包装上还有霍利菲尔德的大照。

此举立刻使这个牌子的巧克力备受世人关注，在诸多品牌的巧克力中脱颖而出。这个巧克力商人就这样一举发了大财。泰森咬耳丑闻，全世界十几亿甚至几十亿人都知道，但是发现这个发财良机的只有这个美国商人。

抓住机遇，前提之一是必须发现机遇。生活中处处充满机遇，社会上的每一项活动，报刊上的每一篇文章，人际中的每一次交往，生活中的每一次转折，工作上的每一次得失，等等，都可能给你带来新的感受、新的信息、新的朋友，全都可能是一次选择、一次机遇、一次引导你走向成大事的契机，问题在于你自身的素质，在于你是否能发现每一次机遇。不要以为机遇难寻，其实机遇就在我们的身边，甚至就在我们的手上。

现在，先停止抱怨你没有机会，仔细看看你周围到底有没有机遇。如果你发现不了，你还想成大事，那么你就要为它创造条件，让它出现。

美国克苏尔公司总裁查理在被问及是什么导致有机会成大事时，这样回答："在大学读书期间，我与一个从艾奥瓦州来的同学同住一间寝室。一天晚上，当我们一伙人围坐谈论生活时，他走了进来。我敢说他很兴奋，但是在大家离开前他没说什么。人们刚走，他就禁不住脱口而出：'我家发财了！我的母亲今晚打电话给我，说今天早晨，她去信箱取邮件时，发现一张票额 89000 美元的支票。'

"最初的惊奇之后，我的反应是难以掩饰的嫉妒。我向他了解事情的全部经过。他说：'我了解的也不够确切，但是我猜测是这么一回事：我父亲在 20 世纪 30 年代经济萧条时买了

一些股票，后来全忘了。最近这公司正好拍卖了，这钱应该就是他的份子钱。’

“那个晚上我躺在床上，很久睡不着，在想：为什么这事发生在他家里，而不是我家里？为什么是他得到了钱而不是我得到了钱？最后，我试图系统地分析这件事。我想：在我的生活中有什么机会可能给我带来这样一笔横财呢？我悲哀地意识到什么机遇也没有。我没有能增值的股票，而且，据我所知，我家也没有。我既没有一块或许会突然发现储藏石油的土地，也没有可能被证明是名作的藏画；我也没有什么才能能让人在一个夜晚奇迹般地发现了，从而一举成名；我还没有任何能使我马上发迹的东西。

“躺在床上，我默默告诫自己：‘查理，假如你希望在你的生活中也获得那样的机遇，你必须播种，而且最好多播种，因为你尚不清楚哪一粒种子会发芽。’从那以后，我一直在播种。有几粒种子已发芽了，因此我才有今天这样的境况。”

像查理这样的人才是与机遇较劲的计划者。他们通过播种，在自己的生活中取得成大事的机会。俗话说“种瓜得瓜，种豆得豆”“一分耕耘，一分收获”，如果你想体味收获的惊喜，那么不要徒羡别人的运气，你想以后得到什么，现在就开始为将来的收获播种吧。

与其临渊羡鱼，不如退而结网，羡慕别人只会徒劳伤神，与其这样，还不如积极投身进去，成为一个“打鱼者”，那样至少有机会成为成功者。

机遇需要慧眼识别它

每个人都渴望抓住机遇，因为在某种意义上，机遇就是一种巨大的财富。那么为什么有人能抓住机遇而有的人却抓不住呢？这是因为机遇并不都是看得见摸得着的，你要有识别它的能力才有机会抓住它。

19 世纪英国物理学家瑞利发现端茶时茶杯会在碟子里滑动和倾斜，有时茶杯里的茶水也会洒一些，但当茶水稍洒出一点弄湿了茶碟时会突然变得不易在碟上滑动了。瑞利对此做了进一步研究，做了许多相类似的实验，结果得到一种计算摩擦力的方法——倾斜法，他因此获得了意外惊喜。

人要在有限的生命中创造出大事业，仅靠苦干是行不通的，要靠那犀利的双眼看准时机，要靠富有智慧的大脑把握机遇，将它变成现实的财富，这样你就成功了。

机遇总是那么短暂而又不可多得，因此，我们总是在为机遇而不停地准备着。我们做梦都盼望着机遇的到来，但是一味地等待或许会痛失良机。假使等到我们把一切相关的因素都弄清楚了，也许机会也就不复存在了。

举例来说，我们将一枚硬币竖立在桌上，然后用力一转，假使我们已知道这枚硬币的重量是多少？空气的阻力有多大？硬币的位置如何？转的时候用力多大？那么我们也许就可以预卜硬币的哪一面会露在上面。即使你有这个能力，有力学方面的天赋，而且还是计算高手，那又能怎么样呢？等到你算出结果的时候，什么事情都结束了。

人生也是如此，假使我们把事实和力量都弄清楚了，便可以说出事情会如何演变。可是事实上，我们是无法把每一件事都了解得非常透彻的，很多时候，就常常因为疏忽某一件事，而得不到结果。所以，我们不能，也不可能完全掌控先机。

有这样一个故事：

有一位有钱的先生曾拜访过一个小镇。由于火车误了点，结果他没能搭上从此小镇开出的回程火车，于是他只好怏怏地往回走，途中路过当地教堂，当时一个牧师在做布道，他便悄悄地坐了下来。

过了一段时间，他所住的那个城市最大的教堂有一个牧师职位空缺。有人邀请那个牧师去，那个牧师就接受了那份工作。甚至在拿到那份邀请函时，牧师仍在怀疑，这份工作怎么会轮到他的头上。直到两年以后，牧师去探望一位老年病人时，这位老年病人告诉了这个牧师那个教堂聘请他的缘由。原来正是那位误点的有钱人在小镇教堂听过他的布道词，并喜欢上他的布道，才推荐他担任那个城市最大教堂的布道牧师的。而这是这位牧师始料不及的。

还有这样一个故事：

有一个年轻人是一家很具前途公司的小主管，他已在这里工作了两年，但他抱怨说，这家公司并不看重自己，他已经准备辞职另谋高就。

实际上，他本来有很多的机会让自己得到发展，但是他却不知道去利用，他应该利用自己的职位和专长为同事服务，但他却没有那么做，如一位同事很诚恳地过来向他求助，请他帮忙修一下复印机，他却不耐烦地说："别人干什么去了，非得找我。"他本可以在为人服务中体现才干和好品质，但他却把好机会一个一个地丧失了。

另一个年轻人只是一个超市普通的售货员。一次，天下起了大雨，一位老太太走进店里，漫无目的地闲逛，很显然不打算买东西。大多数售货员都没有搭理这位老太太，而那个年轻的店员则主动向她打招呼，很有礼貌地问她是否有需要服务的地方。

老太太说，自己是来避雨而不是买东西。这位年轻人表示这没关系，并很关心地询问她离这儿有多远，需要不需要送她回家，并告诉她如果有急事要走的话，这儿有雨伞可以借她待有机会再还回来。雨停了，这位老太太向这年轻人要了一张名片说需要什么就和他联系。

后来有一天，他突然被公司老板召到办公室并向他出示了那位老太太的一封信，信中老太太要求这家超市派一名销售员前往苏格兰，代表该公司接下一宗大生意。老太太特别指定这位年轻人接受这项工作。原来这位老太太就是美国钢铁大王安德鲁·卡内基的母亲。这位年轻人由于敬业和待人热忱，获得了这个极佳的工作机会。

机遇确实是无时不有无处不在的，而且每一个机遇都是一笔巨大的财富，能不能获得这笔巨大的财富，关键在于我们能不能用自己的慧眼去发现并抓住它。

Chapter5

成就梦想，付出要超越别人的努力

成功是每个人都期盼的，但在奔向成功的道路上，每个人因经历、能力、境遇不一样，其结果也千差万别，最后我们总是发现只有少数人成功了，而绝大多数人并没有得到理想的结果，甚至还遭遇了损失。那么，获取成功真的有这么难吗？

其实不然，用成功学大师希尔的话说：成功很简单，它只需两样东西：一个是勤于思考的大脑，一个是勤劳的双手。如果你认为你勤于思考了，你也有一双勤劳的手，最终却还是没有获得成功，这个答案就更简单了，因为你勤劳的程度还远远不够！成功意味着一种超越，你只有付出远远超过别人的努力，你才有资格实现这种超越。

梦想之花需用汗水浇灌

“成功的花儿，人们只惊羡她现时的明艳！然而当初她的芽儿，浸透了奋斗的泪泉，洒遍了牺牲的血雨。”正如冰心所说，梦想之花需要汗水的浇灌才能成长。

2013 年热映的电影《中国合伙人》中，成东青在给学生阐释梦想时，这样说道：“梦想是什么？梦想就是一种让你感到坚持，就是幸福的东西！”倘若将生命比喻成一粒人生梦想的种子，那么汗水便是浇灌它发芽、成长、成熟的养分。

他叫韩庚，成长在一个幸福美满的家庭，从小就喜欢音乐和舞蹈。13 岁时，他师从黑龙江最著名的舞蹈大师学习舞蹈，并多次随队参加演出，他出色的舞技获得了观众的好评，前途一片光明。

半年后的一天，他的父亲得了一场大病，不仅花光了家里所有的积蓄，而且借了大量外债。他的母亲也为此辞掉了工作，在家里照顾丈夫。他的学费和生活费从此没有了着落，但他并没有被残酷的现实所击垮，而是更加坚定自己的信念：我必须要去挣钱，帮爸爸付医疗费，还要实现自己的梦想。

他开始奔波于各大歌厅找工作，但年仅 13 岁的他还只是个新人，最初的两个月里，没有人愿意请他。那是他一生中最艰难的一段日子，他睡过马路，也吃过别人扔下的馒头，但他始终没有放弃。终于，有一家歌厅愿意录用他，尽管薪水很低，条件也很苛刻，但他还是毫不犹豫地答应了。白天他去训练，晚上到歌厅唱歌，每天他来得最早，走得最晚。有时，他最多只能睡 3 个小时就要起来训练。为了挣钱，他省吃俭用，甚至一天只吃一顿饭，经常饿晕在训练馆里。长期营养不良和高强度的工作，使他看上去面黄肌瘦，同事和歌厅老板都很同情他的境遇，纷纷给他捐助钱物。他感谢这些好人的帮助，同时更加努力地训练和工作，坚信自己的梦想不会太遥远！

然而祸不单行，在一次演出时，他不幸从高空坠落，膝盖骨折。一个月后，他咬牙强迫自己站起来，他想：自己的梦想才刚刚开始，怎么能轻易放弃呢？住院期间，他坚持收集舞蹈和音乐的资料，刻苦钻研。有时练气，有时练嗓子，有时还在病房里训练基本功。出院后，他第一时间赶到歌厅参加训练。

功夫不负有心人，经过两年的努力，2006 年，他所在的团队一举拿下“韩流中国十大组合”奖，他也声名鹊起。他父亲的病渐渐康复了，母亲也找了一份新工作，而最令他开心的是找他签约的音乐公司越来越多，他成了一个多才多艺的少年歌手。他终于实现了自己的梦想。

一位哲人说：“如果你期望真正的生活，那就不要到遥远的地方，不要到财富和荣誉中去寻找，不要向别人乞求，不要向生活妥协，不要向苦难和困境低头。幸福和成功只靠我们自己，自己的智慧，自己的勤奋。这种幸福和成功就是勤奋的恩惠，就是命运的赏赐。”

所以，对于肯挥洒汗水的人而言，路并不稀缺。勤奋磨砺人生，历经千辛万苦后，丑小鸭终究会变成白天鹅，你的命运会发生质的转变。

2008 年北京奥运会上，李宁作为主火炬手，被开幕式组委会要求在空中跑出和在地面上一样的效果，时间是 2 分 50 秒。对于当时已经 45 岁的李宁来说，这无疑是一次巨大的挑战。

然而，他深知这次活动的重要性，同时也为了圆自己的梦，他拿出了当年的勤奋和拼搏劲头，每天从早上练到晚上，从地面练到空中。在训练的过程中，他常常出现周身酸疼的现象，多年的旧疾也复发了，但他始终没有放弃，在训练场地上一次次挥洒着汗水，渐渐在空中跑得愈发自信。

终于，在8月8日晚上，万众瞩目的开幕式上，李宁高举火炬成功点燃了北京奥运会的主火炬，出色地完成了任务。后来，李宁接受采访时说："为了完成任务，我已经训练了一个月，每天凌晨两点出现在鸟巢半空。我不能让中国人的梦想落空。"

丹麦童话作家安徒生的一句箴言也印证了勤奋给予命运的奖赏：只要你是一个天鹅蛋，即便生在养鸡场也没有关系。言外之意就是，不因环境的恶劣而让信仰暗淡下去，不因机遇的不利而让勤奋的翅膀停止飞翔，终有一天，我们飞翔的翅膀会在天空写下：没有飞不过的云，没有高不过的山。只要我们睿智的心灵种入一粒叫自信的种子，只要我们坚定的信仰插上勤奋的羽毛！

前总理温家宝在哈佛大学的演讲中提到"仰望星空与脚踏实地"。梦想必不可少，它为我们树立奋斗的目标，而"脚踏实地"更为重要，我们应一步步朝梦想走下去，矢志不移，将坎坷踏成坦途，用汗水浇灌梦想之花，迎接成功的朝阳。

拥有属于自己真正的梦想

对于梦想，每个人都不陌生，它是一个人做梦都想实现的愿望，一旦把实现梦想的想法落实到行动上，那就是自己的事业，事业成了，就是成功。你的梦想就成了现实，你的人生价值也就凸显了。

应该说，梦想寄托着我们人生的最大愿望，但有的人，有了梦想却不好意思提出来，或是不敢提出来，害怕实现不了遭到耻笑和非议。这是懦夫的表现，有了梦想就要大胆地提出来去追求。

几乎所有成功者都是梦想的追求者。因为在梦想的作用下，人常会冲破自身的束缚，释放出最大的能量。梦想是一种无坚不摧的力量，当你坚信自己的理想能实现时，它几乎就能够实现。西天取经之路经历那么多磨难，各种诱惑、困难层出不穷，如果唐僧没有自己的梦想并坚持下去，哪能排除众议、历经千难万险取得真经?

每个人都应该有自己的梦想——无论伟大与平凡。如果在人的一生当中没有主动追求过一些东西，那将是非常遗憾的。“梦想，是一个目标，是让自己有意义生活的原动力，是让自己开心的原因。”梦想决定了我们会成为什么人，所以它至关重要，然而最重要的是找到真正属于自己的梦想，并不断为之奋斗直到成功，人生最幸福的时刻也在于此。必须要指出的是，梦想无关大小，却是自己的至爱，每一个人都应该有属于自己的梦想。

下面是一个关于梦想的故事：

在一所小学里，寒假将至，期末考试开始了，班主任发现许佳同学的考试作文《我的理想》写的是他的理想就是玩，玩各种游戏，到各处去玩，于是怒不可遏，她生气地把他的卷子摔在他的面前说：“玩也可以成为理想吗？我还真没听说过，赶紧给我改了。”

看着一脸怒气的老师，许佳不声不响地捡起了考试卷，想说些什么，可是看见老师一脸的铁青，把话又咽了回去。

到下课时老师发现许佳的作文一点没改。但是现在再改已经没有时间了，只好生气地瞪了他一眼，收上了他的卷子。结果可想而知，许佳交到爸爸手里的期末作文试卷是零分，许佳等待爸爸的责备，可让他出乎意料的是，爸爸不但没责备他，还安慰他说，每个人有每个人的理想，但要保证理想是正确的，你若真的热爱的就可大胆地追求！

转眼二十年过去了，昔日的班主任已经退休了。有一天，老师背着手在人行道上散步，这时，一辆宝马车突然停在了她的身边。她一愣，心想：这是谁呀，我并没有开宝马车的亲戚朋友。

正在疑惑间，只见一个身穿休闲装的成年男子下了车，恭恭敬敬地走到她的面前叫了声：“老师，您好！”

老师定了定神，仔细打量着眼前这个彬彬有礼的人。“老师您不认得我了？我是您的学生许佳呀！”对方轻轻一笑说。

班主任的脑海里像过电影一样，晃过一张张小脸，突然她的思维定格在了一篇作文上，她还清楚地记得作文的第一句：玩是我的理想。

她恍然大悟：“噢！我想起来了，你是那个把玩当成梦想的小子，对吧？”

“就是我！”许佳点点头。

班主任看了看他的宝马车说：“看起来过得不错，你现在的理想不再是玩了吧？”

许佳轻轻地摇摇头，微笑着说：“不，老师，我的梦想还是玩，我想玩遍大江南北，想玩遍全世界，我甚至想去太空玩，为了实现我玩的梦想，我只能努力地工作赚钱，达到我想到处去玩的理想。”

班主任听完这番话，似乎有所悟，玩为什么不能成为梦想呢？人这一生，到底是为什么而活着？教学生的时候，总是教导他们将来的理想是成为科学家、医生、博士……可是，这些梦想是孩子们从心而发的愿望吗？小孩子们会为了大人灌输的理想而去拼搏吗？

人的梦想不尽相同，当我们以自己的看法否定别人的梦想时，我们就已经错了，要知道，梦想不是校服，并不需要一个统一标准。坚持自己的梦想是一件困难的事，正如故事中的许佳一样，但是他坚持了下来，收获了成功。

生活中确实会有很多意想不到的因素，无时无刻地不在侵蚀着我们的梦想。追随梦想，你可能遇见从没发现过的自己，一个更坚强、美好、深刻的自己。一定要呵护你的梦想之火，伟人之所以伟大，根源于他们有一个伟大的梦想。

梦想不等于妄想，大多的梦想经过不懈地追求完全可以变成现实。人生最可怜的就是：心中有梦想，但却把梦想当成了遥不可及的妄想，不敢去想，更没有勇气去追求。有人乐于嘲笑那些平凡、易于实现的梦想，殊不知，这样的梦想才是最真实、最美丽的。

如果你知道要往哪里走，世界就会为你让出一条路。拥有一个真正属于自己的梦想，不要让别人的观点淹没自己的声音，勇敢地去拥有、坚持，直到梦想实现的那一天，你才会真正地体会到追求梦想是一件极有意义，极能体现自己人生价值的事。

为梦想去奋斗

一个人的生活本质上只能属于自己，它完完全全是个人的私有财产、唯一的拥有。外人可能会安排我们的未来，但是只有我们自己才拥有决定权。如果你希望拥有多彩多姿的人生，就得对人生有所期待，这种期待就是你要实现的人生梦想。

生活不能等待别人来安排，而要自己去争取和奋斗；不论结果是喜是悲，都不枉你来这世上走一遭。有了这样的认识，你就会珍惜生活，而不会玩世不恭，同时也会给自身注入一股强大的内在力量。

美国某个小学的作文课上，老师给小朋友的作文题目是："我的志愿"。

一位小朋友非常喜欢这个题目，他在本子上飞快地写下了自己的梦想。他希望将来自己能拥有一座占地10余公顷的庄园，在广阔的土地上种满如茵的绿草。庄园中有无数的小木屋，烤肉区，以及一座休闲旅馆。除了他住在那儿外，还可以和前来参观的游客分享自己的庄园，有住处供他们歇息。

这位小朋友写好的作文经老师批改后，本子上被划了一个大大的红“×”，然后发回到他手上，老师要求他重写。小朋友仔细看了看自己所写的内容，并无错误，便拿着作文本去请教老师。老师告诉他：“我要你们写下自己的志愿，而不是这些如梦呓般的空想，我要实际的志愿，而不是虚无的幻想，你知道吗?”小朋友据理力争：“可是，老师，这真的是我的梦想啊!”老师也坚持：“不，你的家庭如此贫困，你这个梦想不可能实现，那只是一堆空想，我要你重写。”小朋友不肯妥协：“我很清楚，这才是我真正想要的，我不愿意改掉我梦想的内容。”老师摇头：“如果你不重写，我就不让你及格，你要想清楚。”小朋友也跟着摇头，不愿重写，于是那篇作文只得到一个大大的“F”。

事隔 30 年，这位老师带着一群小学生到一处风景优美的度假胜地旅行，在尽情享受无边的绿草、舒适的住宿，以及香味四溢的烤肉之余，他看见一名中年人向他走来，并自称曾是他的学生。

这位中年人告诉老师，他正是当年那个作文不及格的学生，如今他已拥有这片广阔的度假庄园，真的实现了自己儿时的梦想。老师望着这位庄园的主人，想到自己 30 余年来不敢梦想的教师生涯，不禁喟叹：“30 年来我不知道用成绩分数改掉了多少学生的梦想。而你，是唯一保留自己的梦想，没有被我改掉的。”

现实中，很少有人能保有自己的梦想并坚持下去，真正能做到这一点的人大都能取得引人瞩目的成就。有梦想的人才有热情。一个人能抓住机会，不仅因为有能力，更因为有梦想、有激情。

齐瓦勃出生在美国乡村，只受过很短时间的学校教育。15岁那年，一贫如洗的他来到一个山村做马夫。然而，雄心勃勃的他无时无刻不在寻找着新的机遇。

3年后，齐瓦勃来到钢铁大王卡内基属下的一个建筑工地打工。一踏进建筑工地，齐瓦勃就下定决心，要做同事中最优秀的人。当其他工人都在抱怨工作辛苦、薪水太低而怠工时，齐瓦勃却在默默地积累着工作经验，并自学建筑知识。

一天晚上，同伴们都在闲聊，唯独齐瓦勃躲在角落里看书。恰巧公司经理到工地检查工作，经理看了看齐瓦勃手中的书，又翻了翻他的笔记本，什么也没说就走了。

第二天，经理把齐瓦勃叫到办公室，问道："你学那些东西干什么?""我想我们公司并不缺少打工者，缺少的是既有工作经验又有专业知识的技术人员或管理人员，对吗?"齐瓦勃认真地回答。经理点了点头，不由得仔细打量起眼前这个貌不惊人的年轻人。

不久，齐瓦勃就被升为技师。打工的同伴中，有人讽刺挖苦齐瓦勃，他回答说："我不光是在为老板打工，更不单纯为了赚钱，我是在为自己的梦想打工，为自己的远大前途打工。我们只能在业绩中提升自己。我要使自己的工作所产生的价值，远远超过所得的薪水，只有这样我才能得到重用，才能得到机遇。"

抱着这样的信念，齐瓦勃一步步地升到了总工程师的职位上。25岁那年，齐瓦勃又做了这家钢铁公司的总经理，承担起建设公司的布拉德钢铁厂的重任。凭着非凡的努力，齐瓦勃于两年后成了这家工厂的厂长，并逐渐成为卡内基钢铁公司的灵魂人物。几年之后，他被卡内基任命为钢铁公司的董事长。

齐瓦勃担任董事长的第7年，当时控制着美国铁路命脉的大财团摩根，提出与卡内基联合经营钢铁。开始时，卡内基没理会。于是，摩根放出风声，说如果卡内基拒绝，他就找当时居美国钢铁业第二位的贝斯列赫母钢铁公司联合。这下卡内基慌了，他知道如果贝斯列赫母与摩根联合，会对自己公司的发展构成威胁。

一天，卡内基递给齐瓦勃一份清单说："按上面的条件，你去与摩根谈联合的事情。"齐瓦勃接过来看了看，对摩根和贝列斯赫母公司的情况了如指掌的他，微笑着对卡内基说："你有最后的决定权，但我想告诉你，按这些条件去谈，摩根肯定乐于接受，但你将损失一大笔钱。看来你对这件事没有我调查得详细。"经过分析，卡内基承认自己过高地估计了摩根，他全权委托齐瓦勃与摩根谈判，最终取得了对自己有绝对优势的联合条件。摩根感到自己吃了亏，就对齐瓦勃说："既然这样，那就请卡内基明天到我的办公室来签字吧。"齐瓦勃第二天一早就来到摩根的办公室，向他转达了卡内基的话："从第51号街到华尔街的距离，与从华尔街到第51号街的距离是一样的。"摩根沉默了一会儿说："那我过去好了！"摩根从未屈就到过别人的办公室，但这次他遇到的是全身心投入的齐瓦勃，所以只好低下了自己高傲的头颅。

后来，齐瓦勃的梦想终于实现了，他建立了大型的伯利恒钢铁公司，并创下了非凡业绩，真正完成了从一个打工者到领导者的飞跃。

试想一下，当你经历了生活的坎坷、牵绊之后，梦想是否已经实现？你是否曾经为梦想而努力过，你都付出了什么？

这里，我们要告诉你的是：梦想永远是你自己的，任何人都偷不走，只要梦还在，双脚就会不停地朝目标走去。

一个心中没有梦想的人，将如同行尸走肉，毫无生机可言。所以，我们应该在心中保存一份梦想，活在希望中，这样才能在困境中保持斗志，爆发出巨大的能量。

准确定位，才能发挥所长

很多人经营一项业务或做一种工作极为成功，但经营新的行业或做另外一种工作却失败了，这是为什么呢？学者克里蒙特·斯通认为：这是因为他们凭经验得到技巧，在一行中爬行到顶端，但是进入了另一种行业后，他们却不愿意去寻求新行业所需要的新知识和经验，这就使得他们从事起来力不从心，最终导致事业或者工作失败。

理查·皮可林是斯通的朋友，他是人寿保险的法律顾问，在工作方面他极为成功。在皮可林先生 60 多岁时，他决定从芝加哥搬到佛罗里达州。那时候饭店生意很好，虽然他不知道怎样经营饭店，但是他也想要经营一家。而他在这方面仅有的经验只是做一名顾客而已。

皮可林先生的兴致很高，开一家不满意，居然同时开了 5 家。他把他的一切财产都投资在饭店上。然而不出 5 个月，他的饭店关门大吉，他宣布破产。

皮可林先生的故事，和那些成功者大手笔地经营一项新行业，而又不愿意获得必需的方法诀窍的情形，可以说没什么不同。皮可林先生是人寿保险行业的佼佼者，但这并不代表他同样可以是酒店行业的佼佼者。因为隔行如隔山，各行有各行的门道。如果皮可林先生能够在进军酒店行业时，像他在保险行业一样去努力寻找能指引自己成功的方法诀窍，那么他成功的几率就会大增。

通往罗马的路不只一条，但每一条路都会有不同的走法，你必须找出你正在行走的这条道路的正确路线，这样你才能成功地到达罗马。这也就从一个侧面说明给自己准确定位的重要性，只有合适自己的，才可能是最好的。

美国现任总统奥巴马能够在政治道路上走向成功，也缘于他给自己的准确定位。1983 年，从哥伦比亚大学毕业的奥巴马并没有选择薪水高的职业，而是选择申请成为社区工作者。奥巴马很明白自己的处境，他虽然在白人社区长大，但却是黑皮肤的人。在当时的美国，他要被白人接受并进入主流社会非常困难，为了有良好的发展，他便把自己定位成了一个美国式的黑人，并且，一心融入属于自己的黑人社区。

他给那些经济上、心理上处于痛苦状况的底层黑人进行辅导和安慰，并且，充分调查民情，用政府有限的财力尽可能最大化地扶持民众生活。事实证明，他具有从事社区组织工作的天赋，并且，这段经历为他后来的成功带来了很大的帮助。

给自己准确定位是奥巴马在人生道路上连获成功的秘密。在哈佛期间，他选择做一个中间派，只因为他知道：社会是由不同利益的人群组成的，你永远不可能满足所有人的利益。如果你让一部分人非常满意，那么另一部分人就会非常不满意。如果让各方都得到一定程度的满意，不是完全满足，只是让大家尽量接受，尽管还有人不满意，但至少不会触犯哪一方的底线。正是因为把自己定位成为一个中间派，他才走上了《哈佛法学评论》总编辑的位置。

德国著名化学家奥斯瓦尔德读中学时，父母为其选择了一条学习文学的道路。老师对他的评价很中肯："他很用功，但过分拘泥，这样的人即使有很完美的品德，也无望在文学上有所建树。"

父母让他改学油画，但他缺乏艺术想象力与理解力，成绩在班上倒数第一。老师的评语变得简短："你在绘画艺术上是不可造就的。"

父母并没有因此对孩子感到失望，而是带着他去寻求学校的意见。化学老师见他做事认真，建议他学学化学，奥斯瓦尔德本人也觉得自己比较适合化学，便做出了选择。在化学道路上，他的智慧火花仿佛一下子被点燃了，逐渐地，他成为了"前程远大的高材生"。

1909 年，奥斯瓦尔德获得诺贝尔化学奖，成为举世瞩目的科学家。

一个人耗尽心力地去做一件事情而没有成功，并不意味着这个人是笨蛋，而是因为他可能定位错误，而自己所做的一切可能都成了无用功。伏尔泰是个失败的律师，却成为了伟大的文学家；柯南道尔作为医生并不出名，他的小说却名扬天下……

每个人都有自己的优势和长处，如果每个人都能做自己擅长做的事，无疑成功的可能就会更大一些。当初，擅长编程技术和法律的比尔·盖茨和艾伦合伙创立了微软公司，他们以自己的长处奠定了自己在这个产业的坚实基础。一直到现在，他们也一直不改初衷，"顽固"地在自己的位置——软件领域耕耘，而从不涉足其他任何一个赚钱的领域，也正因为如此才有了今天的辉煌成就。

歌德这样说过：“你最适合站在哪里，就应该站在哪里。”知道自己最适合什么，坚守在自己的位置上，专注耕耘，就一定会有一个丰硕的人生。

聪明获得成功也需要努力

在这个世界上，确实有一些人拥有过人的天资，不需要比别人付出更多的汗水和努力就能取得成功，他们花一小时就能想出来的事情，别人却有可能要花一天的时间，这样的人被称为天才，他们能够比别人更容易取得成功和荣耀，令人羡慕。

然而，成功并不只属于天才。有很多所谓的天才因为过于相信自己的先天条件而放弃后天的努力，最终却走向失败。北宋宰相王安石曾讲过这样一个故事：

在江西金溪的平民中有一个叫方仲永的人，他家里世代以种田为业。当方仲永5岁时，不曾见过书写工具，却忽然哭着要这些东西。父亲对此感到惊异，从邻近人家借来这些东西给他，他当即写了四句诗，并且题上自己的名字。

从此有人指定事物叫他写诗，他能立刻完成，诗的文采和道理都有值得欣赏的地方。同县的人对他感到惊奇，纷纷请他和他的父亲去做客，有人用钱财和礼物请求方仲永写诗。他的父亲认为那样有利可图，每天领着方仲永四处拜访同县的人，不让他学习。

后来王安石回到了家乡，在舅舅家见到了方仲永，其时方仲永十二三岁了。王安石叫他写诗，发现方仲永已经不能与从前听说的相称了。又过了几年，王安石问起方仲永的情况，有人说："他的才能完全消失了，和普通人一样了。"

王安石因此有感说：方仲永的通晓能力是天赋的。他的天资比一般有才能的人高得多。他最终成为一个平凡的人，是因为他没有学习。像他那样天生聪明、有才智的人，因为后天没有学习，也就只能是一个平凡的人。那么，现在那些不是天生聪明、本来就平凡的人，如果后天又不学习，要想成为一个平常的人恐怕都不能够吧。

这是一个典型的事例，它从反面深刻地说明了一个人如果不学习，无论其天赋有多高，最终也无法获得大的成功。

没有知识并不可怕，可怕的是没有学习的意识。最可悲无望的人，就是那些没有知识且不知道学习的人。美国前总统克林顿在被问及他最大的收获是什么时，他很认真地说："我最大的收获是我一生读了大约 4000 多本书，我总是处于学习之中……"

我们可以羡慕天才，却不可以因为自己不是天才而放弃努力，因为通过我们自身的学习和努力，也同样可以取得成功。

电影《阿甘正传》讲述了一个有点痴呆的年轻人阿甘的奋斗故事：阿甘从小腿脚不便，不能走路，在母亲的鼓励之下，他不但学会了走路，而且竟然可以飞跑。他一直听从母亲的教诲，踏踏实实地走自己脚下的道路，最后，赢得了国会勋章，受到了总统的接见，并且成为了千万富豪……

新东方教育集团创始人俞敏洪并不是个天才，他高考三年才考上大学。就在准备第三年考大学的时候，他郑重地在笔记本上写下一句话：“在绝望中寻找希望，人生终将辉煌。”在宏伟志向的鼓舞下，俞敏洪刻苦复习，终于考上了北京大学。

在北大上学期间，他学习非常刻苦勤奋，但是成绩依然是全班倒数。后来，他还得了肺结核。毕业后，他被留在北大教书，什么成就也没有获得。他开始联系美国学校，想继续深造。由于他成绩并不突出，三年半的时间内没有一个美国大学邀请俞敏洪入学。

俞敏洪一度觉得老天对他不公平，他认为自己很不错，却一再遭受挫折，让自己一次次陷入绝望。为了应对生活的压力，他在学校外面办起了英语培训班，并为此离开了北大。

为了把培训班办好，他背下了多部英语字典。为了宣传，他到处去贴招生的小广告……

正是靠着自己一点一滴的努力，他抓住了个人生命中一次次的机会，终于将小作坊变成了大工厂，时至今日，新东方学校已经在业内赫赫有名，而他也因此成了知名人物。

可见，只要我们为实现某一目标而去坚持不懈地努力奋斗，都可以有所收获，当然，成功是多方因素造成的，不同领域的成功需要不同的构成因素。在科学上，或许需要聪明的头脑；在运动上，或许需要强壮的体魄和运动的技巧；在政治上，最需要的可能是睿智的思维和宽广的人脉；在文学上，最需要的可能是对于生活的感悟和情感的积淀，但无论哪个方面的成功，都离不开辛勤的努力和付出……总之，要想获得成功，你不必非要是个天才。

一个人也不要为自己没有一个天才的头脑而感到郁闷，越是觉得自己不聪明，觉得自己没有天分的时候，越是应该勤奋努力，正所谓“勤能补拙”。“笨鸟先飞”警示我们，如果感觉自己天赋不足，能力不强，我们就要比别人早行动一些，多卖一些气力，成功也一样会被我们获得。

借助成功人士的力量，成就自己的伟业

成功的原因常常因不同的领域而不同，而且每一个领域成功的手段也是不尽相同的。其中借助他人的力量帮助自己成功是一种很讨巧同时又很实用的方式，2008 年，奥巴马战胜竞争对手麦凯恩成为美国第 44 任总统，就是巧妙借助与名人和成功人士“抱团儿”取得竞选胜利的。

2008 年，美国民主党党代会期间，代表们主要讨论了两个议题：党内要团结一致，反对分裂；拥护奥巴马，反击麦凯恩。

在第一天的开幕式上，时任民主党全国委员会主席的迪安和众议院议长佩洛西做了演讲。前来参加大会的还有身患癌症、正在住院治疗的资深参议员泰迪·肯尼迪，他发表了简短的演讲：“任何事情都无法阻止我来参加这一次重要的聚会，我要和大家一起改变美国，重建未来，选举出奥巴马为美国总统。”

身患癌症的肯尼迪能够到来让代表们深受感动，他对奥巴马的支持坚定了党内代表和选民对奥巴马的认可度。在这一次大会上，因为奥巴马成功和许多民主党重量级人士“抱团儿”，为其总统竞选之路奠定了坚实的基础。

2008 年 10 月 19 日，对共和党人利用艾尔斯的问题，前美国国务卿，也是美国历史上第一位黑人国务卿鲍威尔在《与媒体见面》的节目中发表了自己的看法：

“我们为什么在全国范围内做那样的事情呢？打那些电话的动机是试图暗示奥巴马参议员与艾尔斯先生因为有一点儿非常有限的联系，他的身上就存在污点了吗？麦凯恩他们想做的是把奥巴马和恐怖分子联系起来，我觉得这么做是错误的……”

在批评麦凯恩之余，鲍威尔还赞美了奥巴马身上具有包容性的优点：“奥巴马风格与实质皆备，他具有成为一名杰出总统的素质，我会投巴拉克·奥巴马一票。”

初选时，肯尼迪家族支持奥巴马，为奥巴马争取到了很多民主党中间派和独立选民的支持，而鲍威尔对于奥巴马的公开支持帮助奥巴马争取到了更多共和党中间派和独立人士的选票。

奥巴马 10 月 20 日在美国全国广播公司节目《今天》中对共和党人鲍威尔公开支持自己表示感谢，称鲍威尔“可能担任我的顾问”。他说：“一旦当选总统，鲍威尔是否愿意在政府中担任正式职务，将是我们需要商讨的问题。”

奥巴马聚拢了很多成功人士，并借此为自己赢得了更多的支持，正是在这些有力支持的基础上，奥巴马击败竞争对手，取得了最终的胜利。

现实中，有很多人之所以能在与自己实力相当的博弈中胜出，除了自己本身条件足够优秀外，与更多的优秀人才“抱团儿”从中起了巨大作用。

美国好耶直升机侧翼公司创始人罗宾－彼特格雷夫曾经说过：“我并不是特别聪明，但我周围有一群才华横溢、富有激情的员工。曾经有一段时间，我和那些商业合作者谈生意时，做出决定是一件非常痛苦的事情，因为我不知道自己的决定是不是完全正确。但是后来，我从与这些成功的下属的合作中得到了进步，现在，我自信能够做出正确的抉择。”

创业之初，马云和孙正义第一次坐到一起时，马云没有钱、没有名气、没有太多的工作经验，而孙正义是日本软银集团董事长、亚洲首富。初次见面6分钟后，孙正义决定给马云的阿里巴巴投资。那个时候，他们彼此都认为对方是一定要握手合作的那个人。此后，两位成功人士走到了一起，马云的表现没有让孙正义失望。

孙正义和马云再次见面时，说道：“我当时想，阿里巴巴会发展得和谷歌一样大，谷歌扩张的基础是广告，而阿里巴巴不仅仅依靠广告，这会使得阿里巴巴走得更加稳健。阿里巴巴面对的是全球市场，而不仅仅是中国。所以，我希望与你一起，与阿里巴巴一起，取得更大成就。”

哲学家艾思奇说过：“一个人像一块砖，砌在大礼堂的墙上，是谁也动不得的，但是丢在路上，挡人走路的话，是要被人一脚踢开的。”特别是在现今社会，即使你是一个十分优秀的人，但只想靠个人的能力来获取成功也是非常困难的，甚至是不可能的。

只有与成功人士或潜在的成功人士合作，才能让自己发挥才能，并借助成功人士的帮助走向巅峰。像百事可乐、可口可乐、微软、苹果、阿里巴巴等这样杰出的公司，无论在什么地方，都致力于寻找一大批成功者加盟，这些企业的领导善于找出比自己更加优秀的杰出人才，将这样的人组织在一起，才造就了辉煌。

成功人士更愿意，也更倾向于和成功人士在一起，自己拥有能够帮助其他成功人士的资本，相互之间各取所需，实力互补，这样“抱起团儿”来，更有力量，更有价值，也更易让自己成就事业。对于还没有成功的人士来讲，更要尽可能与成功人士“抱成团儿”，借助成功人士的力量成就自己的伟业，正所谓“君子生非异也，善假于物也”。

成功就是把该做的事做到位

成功的内容其实包括许多方面，凡是自己努力想要达到的目标达到了，都可以算是成功。比如，考上了一所理想的大学，找到了一个理想的工作，发明了一款新产品，掌握了一项新技术，一件工作完成了，等等，都算是成功。

歌德说过这样一句话：把工作做到最好和负责到底，是会让人感到快乐和满足的。实际上，这种快乐和满足的原因就来自成功。曾经有人问歌德："成功是什么？"歌德回答道："成功是一种耐心细致的行动，是一种把你应该做好的日常工作做到最好的结果。"

尽职尽责把事情做到位不是一种空洞的说教，它体现为一个人在工作时的专注自信和细致入微的行动，体现为对整个行为过程负责到底的持久的激情。正是这种负责敬业的激情和具体的行动，使一个人能把事情做得最好，并能担当最重要和最复杂的工作。

对此，成功学大师卡耐基曾用亲身经历告诫过年轻人。

卡耐基安排了一次去温哥华的演讲。飞机在芝加哥停下来之后，他往公司办公室打电话以确定一切是否安排妥当。当他走到电话机旁时，想起了 8 年前发生的一件事。同样是去温哥华参加一个由他担任主讲人的会议，同样是在芝加哥，他给办公室里负责材料的秘书爱丽丝打电话，问演讲的材料是否已经送到温哥华，她回答说：“我早在 6 天前已经把东西送出去了。”“他们收到了吗?”卡耐基问。“我是让联邦快递送的，他们保证两天后到达。”

“他们收到了吗?”卡耐基继续追问。“应该收到了吧。”爱丽丝回答。

对此，卡耐基说：“让我们分析一下这段对话。它实际上是两个对话，一个是关于活动的，而另一个是关于责任与结果的。爱丽丝当然感到自己是负责任的。她获得了正确的信息，包括：地址、日期、联系人、材料的数量和类型。她也许还选择了适当的货柜，亲自包装了盒子以保护材料，并及早提交给联邦快递为意外情况留下了时间。但是，正如这段对话所显示的，她没有负责到底，直到有确定的结果。”

等卡耐基到温哥华时，发现演讲的材料并没有到，因为那段时间机场工人罢工，结果弄得他很被动。

想着 8 年前发生的这件事，卡耐基心里有些忐忑不安，担心这次再出意外，于是他接通了现任助手露西的电话，问道：“我的材料到了吗?”“到了，艾丽西亚 3 天前就拿到了。”她说，“但我给她打电话时，她告诉我听众有可能会比原来预计的多 400 人。不过别着急，我把多出来的人的材料也准备好了。事实上，她对具体会多出多少也没有清楚的预计，因为允许有些人临时到场再登记入场，这样我怕 400 份不够，为保险起见寄了 600 份。还有，她问我你是否需要在演讲开始前让听众手上有资料。我告诉她你通常是这样的，但这次是一个新的演讲，所以我也不能确定，因此，我正准备给你打电话……”

听了露西的电话，卡耐基先生真的放心了。

显然，在露西的电话中，我们可以“看到”一种细致入微将自己的责任落实到底的行为，这种行为中有一种不经意的激情使她注意到一切可能发生的问题，并尽可能地解决好。后来，露西的工作做得越来越出色，很快就做了公司的内务主管，而前任助手爱丽丝却因不适应公司的工作去了别处，至此，卡耐基先生还在为他的前任助手爱丽丝担心，担心如果她不好好修正自己负责尽职的行为，谁能与她长期共事呢？

总之，要想使事情不出纰漏，或者降低出纰漏的几率，就要努力把该做的工作做到位，事情尽可能想得周全，一定不要出现挂一漏万的失误，从更长远来说，应该把这种态度和工作精神贯穿到做的每一件工作上，才能让事情的成功几率大增，使成功越来越近。

放下偏见，会得到意外的收获

对于更多的人来说，成功也许并不是指某一件事或一个事业的完美终结，而是让自己有一个快乐美好的人生，当然，人生也包含着许多成功的小事件。而一个人要拥有一个快乐美好的人生，对人、对社会的偏见都是要远离的。

生活中，曾有许多的成功者都说过类似这样的话：永远不能让自己的个人偏见妨碍自己的成功。这句话的含义是：在追求成功的过程中，我们难免需要与自己不喜欢的人和事打交道，但我们要从大局考虑，要用包容的心去根除个人偏见，求同存异才能让我们更成功。

在美国，洛克菲勒与摩根可谓是两个重量级人物，然而，他们两人之间却存在巨大偏见。洛克菲勒很讨厌摩根，因为他认为摩根是个傲慢无礼的人。同时，洛克菲勒明白，摩根也不喜欢自己。

在一次谈判中，洛克菲勒说：“我已经退休了，如果你愿意，我很乐意在我家中恭候你。”结果，摩根果真到他的家里来了。这对摩根而言显然是有些屈尊，但他做梦都不会想到，当他提出具体问题时洛克菲勒又提出了新的托词：“很抱歉，摩根先生，我退休了，我想我的儿子约翰会很高兴同你谈那笔交易。”

这是一种公然的轻蔑，但摩根却很克制，他告诉洛克菲勒希望他能到自己在华尔街的办公室去谈。结果，洛克菲勒答应了。

可见，善于成功做事的人，都知道必须摒除傲慢与偏见，都知道永远不能让自己的个人偏见妨碍自己的成功。在上面这个事例中，不难看出，摩根就是这样的人。

事实上，很多时候，如果你能放下偏见，主动伸出宽厚之手，你就会得到一份意外的收获。

再来看看世界顶级富翁巴菲特和比尔·盖茨之间的一段故事：

曾经一度，世界首富比尔·盖茨和世界第二富翁沃伦·巴菲特是两个互不相干的人，并且互相还存在着一定的偏见。在巴菲特看来，盖茨的成功完全是运气使然，而盖茨也认为巴菲特是一个小气、顽固、靠投机敛财的人。但后来的一次机遇，让他们重新认识了彼此，并建立了深厚的友谊。这件事情发生在1991年。

那年的一天，巴菲特给盖茨寄去了一张华尔街CEO聚会的请帖，聚会的主讲人就是巴菲特本人。因为对巴菲特心存偏见，盖茨对这次聚会不屑一顾，对于这张请帖，他也随手丢到了一旁。这一幕被盖茨的母亲看到了，她提醒盖茨：“我倒觉得你应该去听听，他或许恰好可以弥补你身上的缺点。”母亲的话对盖茨起到了作用，他决定以全新的态度去认识巴菲特这个商界前辈。

二人见面后，对盖茨同样心存偏见的巴菲特傲慢地说：

“你就是那个传说中非常幸运的年轻人啊?”在听过母亲的劝解后，盖茨是抱着一颗真心来结识巴菲特的，因此，面对巴菲特并不客气的问候，他没有针锋相对，而是真诚地给巴菲特鞠了一躬，说道：“我很想向前辈学习。”盖茨的这一举动让巴菲特感到很意外，也很感动，就是这一举动，让巴菲特对盖茨的印象一下子好了很多。

就在离会议开始还有一段时间时，这两个商界奇才坐到了一起，他们就世界经济这一问题发表了自己的看法，他们发现，原来彼此对于很多问题的见解都有着惊人的一致。除此之外，他们还有很多共同点：都是白手起家、热衷冒险、不怕犯错误……不知不觉中，时间过去了一个多小时，意犹未尽的巴菲特被催促着来到演讲台上，他的开场白竟然是：“在开始讲话之前，我想说的是，今天我第一次和比尔·盖茨交谈，他是一个比我聪明的人。”

从这次聚会之后，他们之间进行了更为密切的交往。交往中，他们都发现原来彼此从前对对方存有很深的偏见。盖茨逐渐认识到，原来巴菲特并不是人们所说的吝啬小人，而是对金钱有着超凡脱俗的深刻见解，他说：“财富应该用一种良好的方式回馈给社会，而不是留给子女。”

而在巴菲特眼里，盖茨也是个年轻有为的成功者。2006年6月15日，盖茨宣布将逐步退出微软，专心从事慈善基金会的事业。同年6月25日，巴菲特受妻子过早去世的影响，决定把370亿美元的财产捐给盖茨的慈善基金会。

巴菲特多次公开说，此生最了解的人就是比尔·盖茨，而比尔·盖茨则尊称巴菲特为自己人生的导师。

虽然说，比尔·盖茨和巴菲特之间偏见的解除或是比尔·

盖茨母亲的一句劝解的话或是由比尔·盖茨向巴菲特说的一句“我很想向前辈学习”开始的，但准确来说，能让他们消除彼此间偏见的根本还是他们各自心中的大度品性。

生活中的年轻人，可能你也曾经蒙受过羞辱，遭到他人的质疑和批评，你为此感到很懊恼、激愤，你憎恨他们，甚至不愿意与他们多说一句话，但你考虑过原因没有？除去恶意的攻击外，也许你真的能力欠佳，或者做人做事不够成熟、太过高调等。

事实上，蒙羞不是一件坏事，如果你是一个知道冷静反思的人，或许就会认为侮辱是测量能力的标尺。事实上，我们直接或间接认识到的成功人士大多也有过类似的经历，他们能够以宽容的态度对待他人对自己的偏见，甚至是严重的羞辱，并努力化解这种偏见，改善与他人的关系，让自己更好地融入社会，为自己的成功积淀更厚实的资本。

发现机遇要具备前瞻性眼光

把成功人士与没有成功的人比较一下，你会发现，绝大多数成功者都是比一般人看得远、行动快的人。就是因为他们比一般人看得远、行动快，他们才及时把握住了一个又一个机遇，使自己走向成功。

20世纪40年代初，随着世界经济形势的好转，英国经济大恐慌的局面也有了一些好转，但选择在这个时候来开设一家新公司，却显得有点操之过急，尤其开设一家家具公司，更显得有些荒谬。因为在这段时间里，许多家庭为了节省日用开支，都实施“合并”政策了，不是做父母的搬来跟子女一起住，就是子女搬去跟父母一起住，如此一来，家具市场的销路当然大为减少。

面对这样的一种市场现状，绝大多数人都不会想到要开设家具公司，但是，伦敦市有一位叫布尔的普通木匠却这样想了。他曾经花费了很长一段时间来考虑这个问题，在反复调查和研究市场以及衡量自己的利弊之后，布尔认为，此时开设家具公司经营家具并非有赔无赚。综合考虑之后，他最终还是决定要开一家新的家具公司。

在他筹划开新公司的期间，很多朋友都认为他想赚钱想疯了。经济状况如此萧条，人人都在勒紧腰带过日子，谁还有心情去添置家具呢？这时候开家具公司，不是明摆着不合时宜吗？一向对布尔怀有信心的妻子也拿不定主意了。

布尔诚恳地对妻子说："我用不着骗你，亲爱的，就市面上的行情来说，开家具店的确不合时宜。不过我考虑过了，别人不能做，但我可以做，并且可以把它做好。说出来道理很简单，因为我自己会木匠手艺，而且，我的手艺和我亲手做的家具已经获得很多老顾客的赞赏和认可。因此，开始的时候，一切都可以由我自己来，用不着请师傅甚至也不必雇伙计，我自己苦一点就行了。这一点你认为有没有道理？"

"这一点我自然知道，但是光有人会做也不成，还要有人买才行，是不是？"

"那是当然，不过这一点我也考虑到了，我想销路不会有太大问题。"

布尔还对妻子讲了他这样做的两个理由。一是在开始时不求多做，但要做最高档的产品。经济形势固然萧条不堪，但有些殷实的商人和皇室贵族家庭，并没有完全失去购买力，相反他们的消费实力依然很强，只要做的家具能中他们的心意，他们照样舍得出大价钱来购买。二是在家具式样的设计和制作方面要多用点心思，以自己这么多年设计制作家具的经验，他相信自己设计制作出来的家具，一定可以得到那些消费者的喜爱。

妻子听了他的分析，也不禁信心大增，她很欣慰地说："我听了别人的议论，心里真有点替你担心，现在经你这么分析，我也觉得的确可以这样做，不会有太大的风险。"

"我的真正目的是为将来着想，如果现在不设法把生意做起来，等到市面恢复了以后再做，可就要被同行甩在后面了。”

“你的考虑的确很周到，眼光也的确敏锐而且深远。”妻子赞同了他的意见。

但由于经济情况混乱，没有人愿意投资，因此布尔一时之间没有筹集到开设公司的资金。贤惠的妻子背着丈夫把结婚项链典当了，支持丈夫的事业，这样布尔的家具公司才勉强开业。限于资金缺乏，布尔新开的家具店店面朴素，但家具设计独具匠心，制作精细、耐用。另外，布尔在伦敦木工厂工作时，已经建立起了很好的声誉，不管是家具零售商，还是材料供应商，都对他非常信任，所以生意开始不久，就已经远近知名了。

这样，经过几年的努力，加上经济形势的持续好转，布尔不但渡过了资金短缺的难关，而且生意越做越大，随着家具市场的国际化，布尔最终成为了家具行业的大企业家。

布尔的成功，与他高瞻远瞩的前瞻性眼光是分不开的，正是因为他预见到了未来的市场，比别人看得远了一点，及时把握了市场的先机，并及时采取行动，最终让自己登上了事业的高峰。可见成功不是从天而降的，也不是别人赐予的，只能靠自己及时发现机遇，及时采取有效的行动去努力获取。

现今社会，高新科技层出不穷，社会变化日新月异，商业竞争日趋激烈，很多机遇一闪即逝。如果不具备前瞻性眼光，没有预先发现潜在市场的能力，那么等事情明朗化的时候，很多机遇已经不复存在了。所以，在考虑清楚要做的事情时，一定要去掉依赖和不切实际的幻想，及时地采取行动。快人一步的结果往往就是步步领先，反之，迟了一步，可能就处处被动。

理想靠勤奋努力来获得

在现代，人们习惯于把一个人升高位、赚大钱或成名成家叫作成功，同时也把这当作生活中的主要努力目标。暂且先不论把升官发财当作人生的主要目标合适与否，只谈一下实现成功的途径，即如何才能成功?

诸多的事实告诉我们，要想成功，积极主动的进取精神和勤奋努力的行为是绝不可少的，固然，有些成功不是依靠自身的勤奋努力获取的，但是那是例外的情况，不具有普遍性。绝大多数人的成功都是依靠自身的勤奋努力一步步获得的。

他们为了实现目标积极主动地追求，付出大量时间和精力，最终实现了美好的愿望。相反，有些人同样渴望成功，但他们并不积极主动去争取，而是安于现状，不思进取，所以他们最后只能是把自己的梦想变成幻想。

那些把梦想变成幻想的人多是一些牢骚满腹、怨天尤人的人，他们抱怨父母为何不是位高权重的政府要员，自己为什么没出生在亿万富翁的家里，自己的条件为何不如别人好，机会为什么总是降临在别人身上……总之，他们对命运总是不满，一味地埋怨与诅咒。

其实，生活对所有人都是公平的，不能成功的人要么是生性懒惰，要么是胆小怕事，再有就是自轻自贱，自我蔑视。如果这样的人成功了，那才是怪事呢！

成功学大师罗宾认为，人生有两种人，他们对待做事的态度各不相同：第一种人是等待天上掉馅饼的懒汉，总是在等待机会，机会若不降临，他们是不会自己动手的；第二种人是知道天底下没有免费午餐的人，他们不是在苦等机会的到来，而总是主动去寻找机会，没有机会的时候，就主动去创造机会。

一位先哲曾经说过："聪明的人不会坐等机会来敲门，而是积极主动地去寻找并抓住它、征服它，让它成为我们的奴仆。只有这样，我们的眼前才会出现一条又一条的光明大道。"

所以，当觉得自己不够顺利时，消极的人总是找借口说"因为我没有遇到好的机会"，而积极主动者则说"事情没有成功是因为我努力不够"。其实，在整个人生中，时时处处都充满了机会，要想获得机会，取得成功，必须积极主动地去争取、去创造！

西奥多·帕克是一位在美国历史上很有影响力的人物，为推动美国社会发展做出了巨大贡献。在美国，只要一提起"西奥多·帕克"这个名字，几乎是家喻户晓，妇孺皆知，但是很少有人知道他成功的经历。

西奥多·帕克是一边在家里做农活，一边靠自学，最终考上哈佛大学的。通过他的奋斗历程可以看出，他能够取得成功的一条重要原因，是因为时刻争取机会。否则的话，他恐怕连书都读不成。

考取哈佛大学那年8月的一个下午，西奥多·帕克与父亲一起在地里做农活。帕克突然说："爸爸，我想明天参加哈佛大学一年一度的新生入学考试。"

帕克的父亲是一位水车木匠，由于家里穷，他拿不出钱供儿子读书，为此他感到十分惭愧。他知道，儿子虽然没能进学校读书，却一直在自学，而且非常用心，梦想有一天能考入一所名牌大学。他很佩服也非常支持儿子的做法，所以虽然在经济上无法给予援助，他还是答应了儿子这个要求。

第二天，帕克起得很早，风尘仆仆地走了10英里路，赶到了哈佛学院。一路走来，他回想着自己从小到大的读书经历：由于没钱进入学校读书，他就选择了自学；家里没钱买书，他就想方设法自己赚钱买书，或借小伙伴的书抓紧时间读……

想到这些，帕克告诉自己：这次考试，一定要考好！等到揭榜那天，他惊喜地发现自己榜上有名，非常高兴。那天回家，帕克把好消息告诉了父亲。

“我的孩子，你真是好样的!”水车木匠夸奖道，“可是，我没有钱供你到哈佛读书啊!”帕克笑着说：“爸爸，您不用担心。我不会搬到学校去住，只要利用家里的空闲时间来自学就够了。只要通过考试，我就能拿到一张学位证书。那样，什么都好办了!”

后来，帕克成功地做到了这一点，以优异的成绩回报了自己和一直支持自己的亲人。再后来，当年读不起书的那个小男孩成为了美国一代风云人物。作为著名的废奴运动倡导者和社会改革家，作为国务卿西沃德、首席大法官蔡斯、著名参议员萨姆纳、哈里森总统、教育家贺拉斯·曼等人的密友和事业顾问，西奥多·帕克在整个美国的影响是不可估量的。

西奥多·帕克虽然家境贫寒、出身卑微，但他时刻不忘努力学习、开拓进取，利用一切机会来提高自己，最终踏上了成功之路！可见，一个人能否取得成功，关键因素不是看他具不具备优越的先天条件，而要看他是否有积极主动的进取精神，看他是不是肯为理想而甘于辛勤付出，只要有这种为理想积极主动、辛勤付出的精神，他就一定会有所成就。反之，如果没有这种积极主动的进取精神和甘于辛勤付出的态度，不采取积极有效的行动，即使先天条件再优越，最终也会与成功失之交臂。

用新目标鞭策自己

如果你还没有成功的话，不要再浪费时间和精力在其他方面寻找原因，你只需反思一下自己是不是真正拥有一颗进取之心，具有不断超越自我的精神，如果有，你就继续努力，成功的门迟早会为你打开的；如果没有，那请让自己拥有，因为这是你成功的唯一途径。

布韦是一位木匠的学徒，当他被派去制作衣橱时，他的周薪只有 120 美元。当制作完成时，客户对他善于利用空间的设计理念及精湛的手艺赞不绝口时，布韦意识到自己已经具备了一定的打造衣橱品牌的优势，于是他开了一家衣橱公司。

布韦凭着当时深受欢迎的“将拥挤的衣橱转变成能有效利用的空间”的需求，在 12 年内，把自己的小公司扩大成为全美拥有 100 多家加盟店的大企业。

布韦原本可以以作为一个木匠而感到满足，但他却能认清自己的能力，并进而积极大胆地主动开创自己的事业，最终获得远超过其他学徒梦想的成大事者，而其获得成功的根本原因，无非是他有一颗拼搏进取的心。

如果得到了能让自己发挥所长并且是适合自己发展的事业而置之不理，是一种对自己不负责任的表现，而对自己都不负责任的人也不会有成功的渴望。因此，一定要养成这样一个习惯：不断用新目标来刺激自己的进取心。凡做成大事的人，都时刻保持这样一个良好的习惯。

松下电器公司总裁松下幸之助年轻时家庭生活贫困，而且必须靠他一人养家糊口。有一次，瘦弱矮小的松下到一家电器工厂去谋职。他走进这家工厂的人事部，向一位负责人说明了来意，请求给安排一个哪怕是最低下的工作。这位负责人看到松下衣着肮脏，又瘦又小，觉得很不理想，但又不能直说，于是就找了一个理由：我们现在暂时不缺人，你一个月后再来看看。

这本来是个托辞，但没想到一个月后松下真的来了。那位负责人看看松下还是原来的样子就又推托说此刻有事，过几天再说，隔了几天松下又来了。如此反复多次，这位负责人干脆就说了真话："你这样脏兮兮的是进不了我们工厂的。"于是，松下幸之助回去借了一些钱，买了一件整齐的衣服穿上又返回来。

这人一看实在没有办法，便告诉松下："关于电器方面的知识你知道得太少了，我们不能要你。"两个月后，松下幸之助再次来到这家企业，说："我已经学了不少有关电器方面的知识，您看我哪方面还有差距，我一项项来弥补。"

这位人事主管盯着他看了半天才说："我干这行几十年了，头一次遇到像你这样来找工作的，我真佩服你的耐心和韧性。"结果松下幸之助的毅力打动了这位主管，终于得以进了那家工厂。以此为基础，松下凭借着其超人的努力逐渐锻炼成为一个非凡的人物。

在真正的切实做事的人眼里，失败不只是遭遇的坎坷，失败还是一次机会，它说明你还存在某种不足和欠缺。找到它，补上这个缺口，你就增长了一些经验、能力和智慧，也就会离成功越来越近。世界上真正的失败只有一种，那就是轻易放弃，不思进取。

艾美是一家化妆品公司的行销策略人员，她看好公司已经视为失败的一项产品：白雪洗发精。这是一种价格低廉，而且不含添加剂的洗发精，由于没有华丽的包装，因此只能吸引那些讲究实惠的消费者。艾美决定扬长避短，完善一下“白雪”的功效，并利用此为卖点，吸引消费者。

她先将“白雪”再呈现给管理阶层，并告诉他们其价值所在以及自己的想法。管理阶层接受了她的提议，新“白雪”推出市场后，受到了消费者的热烈欢迎，竟成为该公司销售最好的洗发精之一。

由于“白雪”销售的成功，艾美成为公司一家分公司的负责人。在牛刀小试初见成效之下，艾美继续努力，相继研发了一系列新的护发产品，而这些产品最后也都成了市场宠儿。艾美由此也成为了公司的顶梁支柱。

当你订出明确的事业目标之时，就是你开始坚定信心大展身手的时候，并逐渐接近你的目标。尽管你会发现在执行计划过程中，目标会发生一些变化，但最重要的是不能懈怠或半途而废。

即使你现在开始做的并不是什么了不起的大事业，但总比拖延行动要好得多，“拖延”是你发挥个人进取心的大敌。如果你一开始时就让拖延变成一种习惯的话，那么它必将蔓延到日后你的每一项行动中。

别让外在因素影响你的计划，虽然有时候你需要对他人的惊讶和你面对的竞争做出反应，但你每天必须以你的计划为目标向前迈进。用你对成功的向往和激情来不停地鞭策自己，随时提醒自己不可敷衍和懈怠，不要败在功亏一篑之时。

每当你完成一件工作时就应做一番反省，这是你所能做到的最好的成功吗？如何能做得更好？何不现在就使自己更进一步？是否能够发挥个人进取心，应视你对于每次机会的觉醒程度，以及你是否能在发现机会时立即行动。

总之，一个人只有学会用新目标鞭策自己不断前进时，才能发现前方更大的发展空间，也才能有足够大的动力，让自己前进，从而发现更多的精彩，攫取更大的成功。

Chapter6
出身卑微，也要创造不平凡的业绩

人生，虽然我们无法选择出身，但我们完全有理由相信：我的人生我做主！人生其实充满了神奇，就算你的起点很卑微，但人生既然有无数种可能的开始，同样就会有无数种可能的结局，关键在于你对于自己的创造力。事实上，很多成功人士的人生起点同样很低，但他们能够把这种困境转换成动力，在平凡的起点上，铆足了劲攀上不平凡的高度。而这些人成功的关键因素就是，他们对于生活的态度以及做人的心态。

命运就在自己手上

出身决定起点，但选择可以决定方向，心态可以左右生活，细节可以决定命运。所以起点低并不要紧，怕的是没有追求；就算上帝创造了平凡的你，但你的每一个决定，都是在创造全新的自己，你的命运其实一直就在自己手上，所以别把自己的人生当儿戏。

人生其实充满了神奇，就算你的起点很卑微，但人生既然有无数种可能的开始，同样就会有无数种可能的结局，关键在于你对于自己的创造力。事实上，很多成功人士的人生起点同样很低，但他们能够把这种困境转换成动力，在平凡的起点上，铆足了劲攀上不平凡的高度。而这些人成功的关键因素就是，他们对于生活的态度以及做人的心态。

齐瓦勃出生在美国乡村，只受过很短的学校教育。15 岁那年，家中一贫如洗的他到一个山村做了马夫。然而雄心勃勃的齐瓦勃无时无刻不在寻找着发展的机遇。

3 年后，齐瓦勃来到钢铁大王卡内基所属的一个建筑工地打工。一踏进建筑工地，齐瓦勃就抱定了要做同事中最优秀者的决心。当其他人抱怨工作辛苦、薪水低而怠工的时候，齐瓦勃却默默地积累着工作经验，并自学建筑知识。

一天晚上，同伴们在闲聊，唯独齐瓦勃躲在角落里看书。那天恰巧公司经理到工地检查工作，经理看了看齐瓦勃手中的书，又翻了翻他的笔记本，什么也没说就走了。第二天，公司经理把齐瓦勃叫到办公室，问："你学那些东西干什么？"齐瓦勃说："我想我们公司并不缺少打工者，缺少的是既有工作经验、又有专业知识的技术人员或管理者，对吗？"经理点了点头。

不久，齐瓦勃就被升任为技师。打工者中，有些人讽刺挖苦齐瓦勃，他回答说："我不光是为老板打工，更不单纯为了赚钱，我是在为自己的梦想打工，为自己的远大前途打工。我只能在业绩中提升自己。我要使自己工作所产生的价值，远远超过所得的薪水，只有这样我才能得到重用，才能获得机遇！"抱着这样的信念，齐瓦勃一步步升到了总工程师的职位上。25 岁那年，齐瓦勃又做了这家建筑公司的总经理。

卡内基的钢铁公司有一个天才工程师兼合伙人琼斯，在筹建公司最大的布拉德钢铁厂时，他发现了齐瓦勃超人的工作热情和管理才能。当时身为总经理的齐瓦勃，每天都最早来到建筑工地。当琼斯问齐瓦勃为什么总来这么早时，他回答说："只有这样，有什么急事的时候，才不至于被耽搁。"工厂建好后，琼斯推荐齐瓦勃做了自己的副手，主管全厂事务。两年后，琼斯在一次事故中丧生，齐瓦勃便接任了厂长一职。

因为齐瓦勃的高超管理艺术及工作态度，布拉德钢铁厂成了卡内基钢铁公司的灵魂。因为有了这个工厂，卡内基才敢说："什么时候我想占领市场，市场就是我的。因为我能造出又便宜又好的钢材。"几年后，齐瓦勃被卡内基任命为钢铁公司的董事长。

后来，齐瓦勃终于自己建立了大型的伯利恒钢铁公司，并创下非凡业绩，真正完成了从一个打工者到创业者的飞跃。而他的经历告诉我们，只要你始终坚持为自己的梦想打工、为自己的远大前途打工的信念，你终能实现从打工者到创业者的惊人飞跃。

所以请不要再抱怨出身低微，生不逢时，机会不等，伯乐难求等。要知道，其实每个人都有平等的机会博取成功，明天，或者明年，同样会诞生像他们一样成功的人，就看是不是今天的你。

没有伞的孩子，只能选择努力奔跑

“你是一个没有雨伞的孩子，下大雨的时候，人家可以撑着伞慢慢走，但是你必须奔跑……”是的，你只有努力奔跑，否则怎么办？

你不能躲起来等雨停，因为雨停了或许天也就黑了，那时候你的路会更难走；你没有办法等待雨伞，因为你没有雨伞，也没有人会给你送伞。所以，你只能选择奔跑，而且是努力奔跑，玩了命似的奔跑，因为跑得越快，被淋得就越少。

当大雨来时，奔跑不单单是一种能力，更是一种态度，这种态度将决定你人生的高度。

也许有的人认为：为什么要跑，难道跑到前面就没雨了吗？既然都是在雨中，我又为什么要浪费力气去跑呢？是的，即使跑得再快，你也会被淋湿，但这更是一个态度的问题。努力奔跑的人可能会得到更好的结果，那就是衣服只湿了一点点，并不影响继续穿，而且可以继续他的社会活动；而不愿奔跑的人其人生态度就显得消极和堕落很多，他对自身行为的结果了如指掌，但他选择了逆来顺受，所以被淋透的可能性是百分之百。奔跑的人还有机遇，不愿奔跑的人则注定悲剧。

有这样一个男人，他 21 岁那年从外地来到北京拜师学艺，却四处碰壁。不久之后，他和几个朋友成立了一个小俱乐部，靠在街头卖艺混口饭吃。那时候，他住在北京的郊区，从住处到市中心足足有一个多小时的车程。为了省钱，他连公交车也舍不得坐，每天都骑着自行车来回奔波穿梭，每天的行程都需要花费四五个小时。可尽管如此，他从来没耽误一次学艺或是演出。

可命运似乎总爱和努力的人开玩笑，失败一次次降临，成功成了遥不可及的目标。有一次，他仍像平时一样练习到深夜才骑车回家，可刚骑出没多远，突然发现车链子掉了下来。午夜的街道上，公交车已经停运，他也没钱打出租车。第二天下午还有一场重要的演出，他脚一跺，牙一咬，把自行车扔在路边，硬着头皮向郊外的出租屋走去。

正值秋雨绵绵的季节，天色微微发亮的时候他才浑身上下湿漉漉地回到住处，头晕目眩的他一头栽倒在床上，发起了高烧，他心里清楚，这样下去非出事不可。于是，勉强支撑起身体，翻箱倒柜地找出一个破传呼机，拿到街上卖了 10 多块钱，买了两个馒头和几包感冒药，硬是挺了过去。

当他下午面色蜡黄地赶到演出地点时，他的搭档吓了一跳，连忙问他出了什么事，他笑着说了昨晚的遭遇。看着他憔悴的面庞，搭档的眼泪在眼眶里直打转，轻轻拍了拍他的肩，什么也没说，搀扶着他走上了台。

几年以后，郭德纲已经红透了大江南北，有人把他当年的这些故事挖掘出来，问他为什么能坚持到现在？他微笑着回答："我小的时候家里穷，那时候在学校一下雨别的孩子就站在教室里等伞，可我知道我家没伞啊，所以我就顶着雨往家跑，没伞的孩子你就得拼命奔跑！像我们这样没背景、没家境、没关系、没金钱的，一无所有的人，你还不拼命工作，拼命奔跑，那活着还有什么意思？”

现实生活中，我们绝大多数人都和年轻时的郭德纲一样，都是没有雨伞却刚好碰到大雨的孩子，我们的出身很平凡，所以相对而言，我们在人生路上碰到的雨水都要更大一些，我们没有选择，只有那一条相对艰难的路。不跑，便不知何时才能走到路的尽头，跑起来，才有越过泥泞的希望。所以没有伞的孩子，只能选择努力奔跑。现在的我们仍然看着很平凡，名不见经传，但是我们要向着不平凡去努力。当然，就结果而言，我们不敢有绝对的判断，但是跑与不跑的两种态度将决定我们生命的质量：第一种人还有希望，第二种人只有失望。

一个人的起点低并不可怕，怕的是境界低。有时越在意自我，便越没有发展前景；相反，越是主动付出，发展就越发快速。很多功成名就的人，在事业初期都是从零开始，把自己沉淀再沉淀、倒空再倒空、归零再归零，他们的人生才一路高歌，一路飞扬。

想比别人过得好就要多努力

当你站在大街上，看着车水马龙，看着行色匆匆的人，他们谁不是在为生活、为梦想努力着？那么，凭什么你不求上进，却每天对着别人讲：这个世界对我太不公平！

你羡慕那些开豪车住豪宅的人，你羡慕月薪比你高的人，你甚至羡慕别人的如花美眷，你羡慕所有过得比你好的人，可是，你眼睛只盯着人家的享受，却没有看到人家背后的付出，要比你多出多少倍！

你什么都不肯付出，那么你又有什么资格去过你所憧憬的生活呢？显而易见，不是世界对你不公，是你对自己太放松；不是生活抛弃了你，而是你太萎靡。

如果你想比别人过得好一点，你就要多努力一点，你想成就高一点，就要多磨砺一点。不管顺风也好、逆风也罢，至少你要有一种无碍飞扬的气魄。

在中国信息产业界，有这样一个女人，她创下了几个第一：第一个成为跨国信息产业公司中国区总经理的内地人；第一个也是唯一一个坐上如此高位的女性；第一个也是唯一一个只有初中文凭和成人高考英语大专文凭的跨国公司中国区总经理。在中国经理人中，她被尊为“打工皇后”。读到这里，应该有很多朋友都能叫出她的名字了，没错，她就是吴士宏。

吴士宏可以说一度被绝大多数女性甚至是很多男性奉为偶像，只不过，我们大多只看到了她人前的光鲜，却并未看到她奋斗的辛酸。

吴士宏出生在北京一户普通人家，初中毕业以后，她曾在北京椿树医院做过一段时间护士。随后，一场大病几乎令她丧失了活下去的勇气，然而，大病初愈的吴士宏却突然感悟到：绝不能继续在这个毫无生气、甚至无法解决温饱的地方浪费青春。于是，通过自学考试，吴士宏取得了英语专科文凭，并通过外企服务公司顺利进入 IBM，从事办公勤务工作。

其实，这份工作说好听一些叫“办公勤务”，说得直白一些，就是“打杂”。这是一个处在最底层的卑微角色，端茶倒水、打扫卫生等一切杂务，都是她的工作。一次，吴士宏推着满满一车办公用品回到公司，在楼下却被保安以检查外企工作证为由，拦在了门外，像吴士宏这种身份的员工，根本就没有证件可言，于是二人就这样在楼下僵持着，面对大楼进出行人异样的眼光，她恨不得找个地缝钻进去。

然而，即使环境如此艰难，吴士宏依然坚持着，她暗暗发誓：终有一天我要出人头地，绝不会再让人拦在任何门外！

自此，吴士宏每天利用大量时间为自己充电。一年以后，她争取到了公司内部培训的机会，由“办公勤务”转为销售代表。不断的努力，令吴士宏的业绩不断飙升，她从销售员一路攀升，先后成为 IBM 华南分公司总经理、IBM 中国销售渠道总经理、微软大中华区总经理，成了中国职业经理人中的一面旗帜。

看看这个与众不同的女人，再看看我们自己！你在自怨自艾的同时，到底失去了什么？如果你不知道，那么这个故事足可以告诉你：你失去了堂堂正正做人的精气神，你抱怨有余、努力不足，那么成功就不会眷顾你。

看看自己到底活成了什么样子，然后真正地站起来，告别忧郁，告别抱怨，好好奋斗。其实在努力的人面前，一切所谓困难都是纸老虎。你做得不好，皆因你不够努力。

笨鸟要先飞

如果你天生平凡，那你就要比别人努力，而且不能放弃希望！如果早早做好计划、做好准备，尽早做出行动，就算是小笨鸟也会有肥肥的虫儿吃，而等那些自以为聪明、懒洋洋慢吞吞的鸟儿起来忙着找虫吃时，早起的鸟儿早已吃得饱饱，精力十足地开始了新一天的生活。

人生的路上也是如此，假如我们昨晚能够多准备几分钟，那么今天就会少几个小时的麻烦。对于我们这些没有背景的人来说，要想在激烈的竞争中走在别人前面，那么就要早些打点行装，开始上路。即使早行的路上会有薄雾遮眼、晓露沾衣，但只要朝着东方跋涉，我们必然会成为最早迎接朝阳的人。

有一个安徽姑娘，她大学就读于北京广播学院，学的是播音专业，毕业时按照当时的分配原则，她是要被分配回原籍的。可是，四年的大学生活已经让她深深地爱上了北京这座城市，她当时就想："只要能够留在北京，哪怕不让我做播音员，做其他工作我也愿意。"

最终，她如愿以偿，被北京一家单位招聘，做资料片的配音工作，实现了她留在北京的梦想。但这个工作却让她感到非常郁闷。原来，学文科的她被分到了技术处，配音工作很少不说，还净是些修机器、看电路图的事。人是留在北京了，可专业不对口，学了4年的专业完全没用了，这又成了她的心病，让她感到可惜而又不甘心。

就在迷茫之时，她得到了一个去北京电视台学习的机会。但是北京电视台在哪儿呢？不知道，查114吧！北京电视台一个人都不认识，找谁呢？不知道，先找保卫处吧！就这样她一路懵懂地来到了电视台，又被保卫处带进了播音组。

“我是学播音主持专业的，我不要求出镜，不要求工资，我只想到这儿来实习，如果你们觉得我可以的话。”这是她进门说的第一句话。或许是她的真诚打动了对方，“你留下来吧！”这句话之后改变了她的人生。

重新回到电视台从事自己熟悉的专业，她知道这个机会来之不易，她用百倍的热情把自己全身心地投入到了工作中。当时她的第一任务是北京新闻的播音员，除了北京新闻、北京午间新闻、北京晚间新闻之外，她还一连兼了三个栏目，以及一些晚会的主持。工作量虽然很大，但她回想起来，那却是“特别幸福的一段时间”，因为她“实在是太爱这个工作了”，所以“不觉得苦，也不觉得累”。

高密度的工作让她熟能生巧，也让她在短短的时间里，从北京电视台的众多主持人中脱颖而出，一跃成为北京电视台的当家花旦之一。随后，她又进入中央电视台，任热播栏目《综艺大观》主持人，从此她的事业青云直上，她曾连续16年担任中央电视台春节联欢晚会的主持人，并在上百台大型文艺晚会及国家级大型庆典演出中担任司仪、主持人。对，她就是周涛。美丽大方、端庄典雅、声音甜美、反应灵敏，拿起话简来笑语盈盈，主持节目中规中矩，这是央视美女主持人周涛给我们留下的印象。

当谈及自己成功的经验时，周涛是这样说的："我的原则是笨鸟先飞。我可能不比别人条件好，但是我比别人做得多，就有可能比别人做得好。"

如果你是笨鸟，就先飞！成功之事，大抵如此。

如果你要欣赏壮美的黄山日出，就必须在日出前登上高高的山峰；要想在人生赛场上胜出，就必须在起跑时争取到那零点几秒，因为这零点几秒的优势，很可能成为你最终取得胜利的优势。虽说你的条件可能不如别人，但勤奋能够补拙，多一分辛苦便多一分才气，如果你先飞，就没有人知道你是笨鸟，因为你比他们到得都早。

自尊不是贵族的权利

也许此时你只是一株稚嫩的幼苗，然而只要坚忍不拔，彼时终会成为参天大树；也许此时你只是一条涓涓小溪，然而只要锲而不舍，彼时终会拥抱大海；也许此时你只是一只雏鹰，然而只要心存高远，跌几个跟头，彼时终会翱翔蓝天。你得明白，那些真正有品位的人不会因为你此时的羸弱看不起你，除非你放弃了强大的权利，给了他们不得不轻视你的理由。

有这样一个人，当他还是个少年时，他有些自卑，他长得又瘦又小，其貌不扬；而且他的家庭让很多同学看不起，他父亲是卖水果的，母亲是学校边上的“餐车娘”。而他的同学大部分都是富家子弟；他是一个例外。他的父亲没有受过教育，深知没有知识的痛苦，于是狠下心花了大部分积蓄将他送入这个贵族学校。

从第一天踏入这所学校开始，他就受到了歧视，他穿的衣服是最不好的，别的孩子全穿名牌，一个书包、一个铅笔盒甚至都要几百块，有人笑话他的破书包，他曾经哭过，可他没告诉父母，因为怕父母伤心难过，因为这个书包还是妈妈狠下心给他买的。

对他最好的就是李老师了，李老师总是鼓励他，总是笑眯眯地看着他，李老师长得又端庄又漂亮，好多孩子都喜欢她。

那一年圣诞节，除了他，所有孩子都给老师买了平安果，都是在那个最大的超市买的。但他买不起，一个平安果便宜的要十块钱，贵的要几十块钱，他没有钱，他也不想和父母要钱，于是他煮了家里的一个鸡蛋送给了李老师。

当他把这个鸡蛋拿出来时，所有人都笑了，他心里五味杂陈，他更怕老师也会笑话他。

但想不到李老师非但没有笑话他，而且当着全班同学的面说："同学们，这是我收到的最好的礼物，这说明这个同学很有创意，其实不必给老师买什么平安果，有这份心意老师就很感动了。"

接下来，李老师还给他们讲了一个故事：一个小女孩，她家很穷，有一天，她的母亲带着她去给校长送礼，让孩子转到这所中心小学来，她的母亲把家里唯一的一只老母鸡送给了校长，但当她们说明来意时，那校长却说："谁要这东西？我们早吃腻了老母鸡。"

那句话深深刺伤了小女孩和她的母亲。她们没有去中心小学，小女孩还在她们村子里上学，但她明白了自己应该发奋努力，年年考第一，最后，她以全乡第一的成绩考上了县重点中学，后来，她又考上北京师范大学，现在在一所高级中学里教书。

孩子们听完都很感动，李老师说："那个女孩子就是我。"

他听了，眼里已经有了眼泪，他感动地哭了，他总以为自己是穷人家的孩子，谁都会歧视，根本没有尊严可言，但老师言传身教给了他极大的鼓励。从这以后他认定：每个人都是有尊严的，无论贫穷还是富有。所以，他发奋努力，而如今，他已经在国内一所知名学府任教。

一个人就算被毁灭，也不应该被打败。也许并非每个人都能成为人生的赢家，但是面对人生中的失意，你无论如何也要从容地、保持尊严地活下去，即使默默无闻也好，就算平平凡凡也罢，重要的是，你只要还活着，再怎么一无所有，也别把做人的尊严和风度一并输掉。当你感到无助和绝望的时候，其实你还有选择的机会，当然你可以选择变得沉沦，但更好的结果是选择想法改变现状。事实上任何打击都不应该成为你堕落的借口，你改变不了这个世界，但你却可以改变自己。其实谁都可以活得很漂亮，但前提是你要明白：人生没有绝对的公平，只有相对公平，你想要得到的越多，就注定要比别人承受得更多。

自尊不是贵族的权利！当你为自尊而努力之后，你也会逐渐成为贵族。

愤怒要回归到理性

人的尊严既是最珍贵的，又是最不值钱的，人不能自尊心过强，过强就会给人生造成障碍。没有实力的时候，愤怒毫无意义。

有个大学生，毕业后来到一家公司做产品营销，公司提出试用期 3 个月。3 个月过去了，这位大学生没有接到正式聘用的通知，于是他一怒之下愤然提出辞职，公司一位副经理请他再考虑一下，他越发火冒三丈，说了很多过激的抱怨的话。对方终于也动了气，明明白白地告诉他，其实公司不但已决定正式聘用他，还准备提拔他为营销部的副主任。这么一闹，人家无论如何也不用他了。这位涉世未深的大学生因自己的不理性而白白地丧失了一个绝好的机会。

有很大一部分愤怒情绪，是因为人的目的和愿望不能达到或一再受到妨碍，逐渐累积而成的。挫折如果是由于不合理的原因或被人恶意造成时，最容易产生愤怒。但是，有的人比较理智，能够控制自己的情绪，这样的人通常在人生道路上走得比较远。

在求职节目《职来职往》中，作为 BOSS 团成员的刘同让人又爱又恨。面对所有这一切，刘同显得云淡风轻，他不会为此拍案而起，因为他知道真正的强者是不会被激怒的，他更明白没有实力的愤怒毫无意义。

无论在职场还是家庭生活中，刘同有很多理由愤怒。因为父亲不同意他报考中文系，父子关系一度紧张到剑拔弩张，父亲几年不与刘同说一句话。毕业后，他曾因为买不起一件几百块钱的生日礼物，而落逃朋友的生日局，因为派发不了红包而不好意思回家过年。在职场上，刘同曾被同事在网上攻击，打电话给客户被骂。更甚的是在他当上节目总监时，老板并不信任他，骂他是骗钱的。尊严被如此践踏，刘同真的很生气，他一次次想把手里的台本摔到老板脸上然后愤然离去，但是他又想，在还没有任何成绩时就离开，正应了老板的话。刘同没有愤怒，更不会认输，他像只陀螺一样每天超负荷运转。身心的煎熬外人无法体会，半年后，他制作的节目已经与当时的王牌娱乐节目比肩。同时，他自己还出了 3 本书。刘同用自己的成绩单结实地回应了老板的质疑，而他决定辞职时，他享受了同事们英雄般的待遇。有实力从不怕被埋没，不久，他收到老东家光线传媒的邀请，重回光线。

刘同说：“把自己看得贱一点，所有的挫折就都不算什么了！”

年轻的时候，涉世不深，愤怒是脱缰野马，我们常把持不住，但年长之后，就应该学会控制。如果控制得好，事实上愤怒也可以成为我们的重要工具，在关键时候，愤怒可以是我们表达坚定立场、绝不妥协的手段；愤怒有时会是一场激烈的情绪展现，让所有人知道，“我”已达临界点，也让他们知道收敛。当然，最后要回归到理性。

心有多大舞台就有多大

成功学告诉我们，生活总是给有梦想的人提供努力的机会和进步的空间。站得高望得远，树立远大的人生目标反映了人们对美好生活的向往和追求。它是我们的力量源泉和精神支柱，能吸引我们为实现它而努力奋斗。每当我们懈怠、懒惰的时候，它犹如清晨的闹钟，将我们从睡梦中唤醒；每当我们感到疲惫、步履沉重的时候，它就像沙漠中的绿洲，让我们看到希望；每当我们遇到挫折、心情沮丧的时候，它又如破晓的朝阳，驱散我们内心的阴霾。在人生目标的驱策下，我们不断地激励自己，获得精神上的力量，焕发出超强的斗志。即使我们最终不能实现目标，即使困难没有被完全克服，我们也能收获信心和经验。当再次面对困难时，我们不仅有勇气和信心，也有能力和方法去面对和解决。

埃德蒙斯认为，伟大的目标塑造伟大的心。一个人之所以能够成功，是因为他树立了一个目标，拥有美好的愿景。美好的愿景可以产生动力，动力推进行动，行动必然会成就事业。这也是人们常说的“心有多大，舞台就有多大”。

然而，生活中很多人缺乏抱负，安于现状，在遇到挫折时，不能确立正确的心态，这在很大程度上会影响其目标的实现。

美国最大工业机构的一位人事专家，每年都要到各大学里挑选一些即将毕业的学生参加公司初级经理人员的预备训练。她指出，她对许多大学生的心态感到失望。

这位人事专家说："通常我会和8～12位毕业生面谈，他们都是班上的前3名，而且都表示很乐意到我们公司工作。我们考虑的决定因素之一是个人的动机。我们要看他是否有潜力，能否在几年内独当一面，实现重要的计划，管理一个分公司或分厂，或者在其他方面对公司有实质性的贡献。我不得不说，我对我所面谈的大部分学生的个人目标并不十分满意。你会很惊讶，有那么多年仅20岁的年轻人对退休计划比任何事都更感兴趣。对他们而言，'成功'只是'保障'的同义词。他们关心的第二个问题是：'我会被经常调动吗?'你想，我们能把公司交给这样的人吗？更令我无法理解的是，现在的年轻人对于未来的态度，竟然还是那样极端的保守、狭隘。"

这么多人缺乏抱负的趋势意味着，在高报酬的职业中所遭遇到的竞争，将比你想象的要多得多。潜能的发挥不是以一个人的身高、体重、学历或家庭背景来衡量的，而是由个人理想来决定的。一个正常的人，应该肩负其人生使命，朝着某种理想或希望，全力以赴，使自己的生活能配合一个目标，从而获得成功。

有人说："每个人的心中都隐伏着一头雄狮。"的确，人的潜能是巨大的，如果你不相信自己，你的能力就会被埋没。很多成功人士并没有三头六臂，智力也和一般人差不多，关键在于他们相信自己。

亚洲首富孙正义早在19岁时，就写下了自己未来50年的计划：20多岁时，建立自己的企业；30多岁时，挣到第一个10亿美元；随后20年，巩固基础和挑选接班人；43岁后，在10年内将企业扩大10～20倍。在这个计划的指引下，他在24岁那年成功地创办了自己的公司，并宣称要在5年内将销售规模扩大到100亿日元，10年内达到500亿日元。

如果说在充满激情的青年时代，孙正义拥有崇高的志向和华丽的梦想并不是一件太过突兀的事情，那么，在他经历了无数的困难和激烈的竞争之后，在大多数人都屈从于现实社会而放弃了自己志向的时候，他的这些豪言壮语便是“野心的膨胀”。

但正是这种“膨胀”的野心，支撑着孙正义在37岁时成为了拥有10亿美元的富翁，更支撑着他建立起庞大的互联网帝国。

事实正是如此，你未来会有什么样的成就，会成为什么样的人，取决于你在做什么样的梦。先有梦，才会有成就，才能发挥潜能。

有个出生于旧金山贫民区的小男孩，从小因为营养不良而患有软骨症，6岁时，他的双腿变成了弓形，小腿更是严重萎缩。然而，在他幼小的心灵里，一直藏着一个除了他自己几乎没人相信会实现的梦，这个梦就是——有一天他要成为美式橄榄球的全能球员。

他是传奇人物吉姆·布朗的球迷，每当吉姆所属的克里夫兰布朗斯队和旧金山西九人队在旧金山比赛时，这个男孩便不顾双腿的不便，一跛一跛地跑到球场去为心中的偶像加油。由于穷得买不起票，他只能等到全场比赛快结束时才从工作人员打开的大门溜进去，欣赏最后几分钟的比赛。

13岁时，一次他在布朗斯队和西九人队比赛之后，在一家冰淇淋店里终于有机会和自己心目中的偶像面对面接触，那是他多年来所期望的一刻。他大大方方地走到这位大明星的跟前，朗声说道："布朗先生，我是你最忠实的球迷！"

吉姆·布朗和气地向他说了声"谢谢"。这个小男孩接着又说："布朗先生，你知道一件事吗？"吉姆笑着问："小朋友，请问是什么事呢？"男孩自豪地说："我记得你所创下的每一项纪录。"吉姆·布朗十分开心地笑了，然后说道："真不简单。"这时，小男孩挺了挺胸膛，眼里闪烁着光芒，充满自信地说："布朗先生，有一天我要打破你所创下的每一项纪录。"听完小男孩的话，这位美式橄榄球明星微笑着对他说："好大的口气！孩子，你叫什么名字？"小男孩得意地笑了，说："我的名字叫奥伦索·辛普森。"奥伦索·辛普森日后的确如他年少时所言，在美式橄榄球球场上打破了吉姆·布朗创下的所有纪录，并创下了新的纪录。

人们常说"有志者事竟成""世上无难事，只怕有心人"，当我们规划自己的人生时，只有站得高才能望得远。所以一定要把目光放长远，这样，世界的大舞台才会向我们敞开大门。

理想决定人生的走向

很多人踏入社会后，都会产生对理想信念的困惑，就像小舟驶入大海，一时迷失了方向。环境的急剧变化，使人们不得不经常考虑个人的工作、住房、医疗、婚姻……人们都想在极短的时间内实现所有愿望，而现实情况又是不可能的，这就使他们形成一种特殊的心理——对社会的焦虑，他们往往过多地关注自身的低层次、世俗的目标，而失去远大理想和坚定的信念。

那么，理想是什么？理想是对未来事物的希望、想象，一般是由人所设定，并希望达到的人生目标和追求向往的奋斗前景。

每个人都有着美妙无穷的远大理想，因为理想是我们心灵的寄托，更是我们精神的支柱。俗话说："人无志而不立。"一个人假若没有远大的理想，是不可能有所作为的。从远古时代的盘古开天辟地到如今的知识爆炸、信息革命，多少年、多少代，多少仁人志士都有着崇高的理想。理想是我们奋斗前进、勇于创新的动力；理想是人生的指路灯；理想是战胜困难的力量源泉。

但是，理想又是因人而异的，不同的人对其有不同的定义和选择。“假如明天你将死去，你最想要的是什么?”向不同的人问这个问题，得到的答案总是千差万别的，可谓见仁见智，莫衷一是。然而，在你的人生规划中，这是你必须知道并正确回答的问题。只有回答了这个问题，你才能知道在你的一生中，什么才是最珍贵的，什么才是最值得你珍惜的，什么才是你一生应该努力追求的。只有弄清了这个问题，你才不会盲目行动。

高尔基说过：“一个人追求的目标越高，他的才能就发挥得越快，对社会就越有益；我确信这是一个真理。”从古至今，大凡成功人士都会有自己矢志不渝的理想和奋斗目标，都会为了实现自己的目标而不懈地拼搏，其丰功伟绩昭示我们——目标可以指引我们昂首前行，可以引领我们走向成功的彼岸。

明代徐霞客，从小立志不做官，要做旅行家和地理学家。年轻时，他常常躲在他家附近茂密的竹林里，逃避邀他出来做官的人，斥责这些人是“利禄之徒”。因为他有官不做，人们都称他为“奇人”。他的母亲去世后，服丧期刚满，他就匆匆踏上旅途。他一生的足迹几乎遍及全中国，为我国地理学研究开辟了新方向。他成为著名的旅行家、地理学家，著作有《江源考》《盘江考》《鸡足山志》等。经后人编成的《徐霞客游记》，极富地理学价值和文学价值。

由上可知，理想目标对一个人来说是至关重要的，可以说，有什么样的目标，就会有什么样的人生。没有目标，人生通常也就失去了意义；有清晰且长期的目标，并且一直努力向目标迈进，才会有成功的人生。

哈佛大学有一个非常著名的关于目标对人生影响的跟踪调查，对象是一群智力、学历、生活环境等条件差不多的青年人，调查结果发现：27% 的人没有目标；60% 的人目标模糊；10% 的人有清晰但比较短期的目标；3% 的人有清晰且长期的目标。

25 年的跟踪研究结果显示，他们的生活状况及分布特征十分有意思。那些占 3% 的有清晰且长期目标的人，25 年来几乎不曾更改过自己的人生目标。25 年来他们朝着同一个方向不懈地努力，25 年后，他们几乎都成了社会各界的成功人士，他们中不乏白手创业者、行业领袖、社会精英。

那些占 10% 的有清晰短期目标的人，大都生活在社会的中上层。他们的共同特点是，那些短期目标不断被实现，生活状态稳步上升，成为各行各业不可或缺的专业人士，如医生、律师、工程师、高级主管等。

其中占 60% 的目标模糊的人，几乎都生活在社会的中下层，他们能安稳地生活与工作，但都没有什么特别的成绩。剩下的 27% 是那些 25 年来都没有目标的人群，他们几乎都生活在社会的底层。他们的生活都过得不如意，常常失业，靠社会救济，并且经常在抱怨他人、抱怨社会、抱怨世界。

从这个调查中我们可以得出：一个人只有确立了远大的理想和前进的目标，才会最大可能地发挥自己的潜力。一个人也只有在实现目标的过程中，才能够检验自己的创造力，调动沉睡在心中的那些优异、独特的品质，才能有意识地去锻炼自己、成就自己。

他是一位匈牙利木材商的儿子，由于从小生得呆笨，人们都喊他木头。他也确实名副其实，9 岁之前，除了因遵守秩序，在学校获得过一枚玩具螺丝钉外，他再没有什么大的作为。

12 岁时，他做了一个梦，梦到一个国王给他颁奖，因为他写的文字让诺贝尔看上了。当时，他很想把这个梦告诉别人，但因为怕人嘲笑，最后只告诉了妈妈。

妈妈说：“假若这真是你的梦，你就有出息了！我曾听说，当上帝把一个美好的梦想放在谁的心中时，他是真心想帮助谁完成的。”

他想，他真是天下最幸运的人！世界那么大，上帝一下子就选中了他。为了不辜负上帝的希望，从此他真的喜欢上了写作。

“倘若我经得起考验，上帝会来帮助我的！”他怀着这份信念开始了他的写作生涯。3 年过去了，上帝没有来；又 3 年过去了，上帝还是没有来。就在他期盼上帝前来帮助他的时候，希特勒的部队先来了。他作为犹太人被送进了集中营。在那里，600 万人失去了生命，他活了下来，因为从进去的第一天他就发现“生存就是顺从”。为了写作，他忍辱活下来。理想成为照亮他黑暗的人生灯塔。

几年后，当他走出集中营的门口时，仍念念有词：“我又可以从事我梦想的职业了！”1965 年，他终于写出了第一部小说——《无法选择的命运》；1975 年，他又写出他的第二部小说——《退稿》；接着，他又写出了一系列的作品。就在他不再关心上帝是否会帮助他时，瑞典皇家文学院宣布，把 2002 年的诺贝尔文学奖授予匈牙利作家凯尔泰斯·伊姆雷。他听到后大吃一惊，因为这正是他的名字。

当人们让这位名不见经传的作家谈谈获奖的感受时，他说：“没有什么感受！我只知道，当你说‘我就喜欢做这件事，多困难我都不在乎’时，上帝就会抽出身来帮助你。”

车尔尼雪夫斯基曾说：“人的活动如果没有理想的鼓舞，就会变得空虚而渺小。”一个人活着，总得有一个目标，让自己行走于纷繁尘世而不致迷失方向，活得有奔头。

Chapter7

实现价值，把工作当成事业做

当你有了一份工作之后，千万不要把工作仅仅当成一份职业，更不能当成一种副业，而要把工作当成事业来做。当职业与事业相重合时，人就充满了激情。

只有把工作当作事业干，才会兢兢业业，全职出力；才会潜心谋事、真心干事、全心成事；才会克服浮躁的情绪，克服好高骛远、急于求成的心态；才能有遇到困难不畏惧、不达目的不罢休的豪气。当你把工作当作事业时，你会有强烈的求知、求好、求发展的欲望，你会从中获得奋斗的快乐，也会在成就事业过程中成就自己的价值。

点燃心中的激情

通常，一个整天无所事事的人会被认为是一个游手好闲、不务正业的人，那么什么叫“事事”呢?“事事”就是做事的意思，这里的“事”也可以称为你从事的事业。对于在做正经事的人来说，他们都是在做自己的事业。这就是说所谓的事业并不等同于轰轰烈烈的理想和目标。当然，理想和目标也是事业，但具体的工作也是事业。我们把自己所从事的工作做好，做到位就相当于是在成就我们的事业。

在市场经济条件下，经济蓬勃发展，人们的金钱观念、理财观念也逐渐增强，但是唯金钱论的思想又在不断滋长，很多人觉得赚大钱做大事才是人生的唯一目的，才是在做事业。实际上，这是一种错误的认知。

当然，人为了实现人生价值，努力开创自己的事业，这无可厚非，但是把工作当作事业来做，也是非常值得称颂的，是一种职业精神的升华，反映了一个人的人生追求。

一名优秀的员工往往时刻保持对工作的热情，内心似乎有着消耗不完的动力，那是因为他们眼里的工作已经变成了事业，人生的追求有了质的飞跃。同时，因为有着足够的工作动力，他们总能付出更多的努力，因而也更容易获得成功。所以，假如你觉得自己不够努力而又缺乏动力，那请把工作当作事业来做，工作将会更有激情！

在云南怒江拉马底村，有一位名叫邓前堆的乡村医生，他在自己的工作岗位上孜孜不倦地工作，把自己的工作当作事业来对待，为乡亲们的健康保驾护航，先进事迹感动了无数人。在第三届全国道德模范评选中，他荣获“全国敬业奉献模范”的光荣称号。

邓前堆生活的地方山高路陡，交通不便，怒江从小村寨一穿而过。这里没有道路交通，村里人出入只能依靠一条长度为100多米的铁索桥。

从医以来，邓前堆已经在村寨里坚守了30年，只要村民生病了，他就会及时去帮助治疗，每次进出村寨都要冒着巨大的生命危险，他用自己的“坚守”精神，为老百姓换来了健康。

在艰苦的环境里工作，拿着每月200元的微薄工资，自己住在破旧不堪的住宅里。为当地百姓治病，但医药材料费却很昂贵，村民又无法及时付医药费，邓前堆不得不帮百姓垫付，自己欠贷2万多元。尽管如此，他依旧坚守在平凡的岗位上，把做乡村医生当作了自己的事业，无论风风雨雨，他都毫无怨言。他坚守了28年，在这段岁月里，他一共出诊了5000多次，步行达到了60万千米……

一个月收入只有200多元的工作，也许听起来太过寒碜，但是邓前堆能在平凡的岗位上做出如此感人的事迹，源于他默默奉献的精神，源于孜孜不倦追求自己事业的态度。这是一种态度、一种品质、一种高尚的情怀，永远都值得我们学习，值得我们铭记。

应该说在日常生活当中，能够将自己的工作当作事业来做的人是绝大多数，他们在自己的工作生涯中，始终满怀激情，坚守岗位，把工作当作事业来做，虽然非常辛苦，但痛且快乐着。能够把工作当作事业来做的人，是有信仰的人，有情操的人，同时也是对生活有明确认知的人，他们能用愉悦与成就感染身边的人，其他人也潜移默化地受到熏陶。

也许我们现在所从事的工作是很枯燥的，工作不顺心，环境很差，又很不体面。那么，试着转变自己的态度吧，不要将目光停留在工作本身，而是将其作为值得追求的好事业。这样一来，即使从事的并非是自己喜欢的工作，你依然能够培养起对工作的热情，而且始终保持这样的激情。

关于对工作的态度，人们经常会引用这个故事：在一个建筑工地上有三个瓦匠在砌墙，有路人从这里经过，问他们："你们都在做什么?"第一个瓦匠回答："我在枯燥地搬弄砖、石头。"第二个瓦匠回答："我在用石块砌墙。"第三个瓦匠则说："我在建筑一座伟大的艺术品，以便能让它永远供人欣赏。"

多年以后，第一个瓦匠失业了，穷困潦倒一生。第二个瓦匠还在给人用石块砌墙。第三个瓦匠成为了一名受人尊敬的建筑师。

可见，具有不同心态的人，对工作的态度是大不一样的，只有心态好工作才能做得好，最终就会事业有成。

工作对我们而言究竟是个乐趣，还是个枯燥乏味的事情，其实全要看自己怎么想，而不取决于工作本身。从工作中获得快乐、成功以及满足感的秘诀并不在于专挑自己喜欢的事情做，而在于发自内心地喜欢自己所做的工作。就算你注定要做个扫大街的清洁工人，也要对自己的职责全力以赴、倾注全力，以达到最好的工作表现，让每个人都为你驻足赞叹："这个清洁工人表现真好。"

有一句古老的谚语说："湿火柴点不着火。"当你觉得工作乏味、无趣时，不是因为工作本身出了问题，而是因为你的燃点不够高。点燃心中的激情，一切都会好起来。在工作时，只有心中总有一团火在燃烧，你做事的时候才能任劳任怨，最终让你事业有成。

做事要有百折不挠的精神

艾伦 9 岁的时候，生活在南达科他州的祖父的农场里。暑假里，祖父告诉他，如果他想要额外的零用钱，可以在农场里做点活儿来换。艾伦很高兴，他喜欢骑马放牧，可是祖父说只有一件事还需要人手——赤手捡牧场上的牛粪饼。一般的孩子都不愿意干这样的活儿，艾伦虽然不情愿，却还是很认真地做好了。

下一个暑假到来时，艾伦的祖母开车来学校接他去农场，对他说："艾伦，祖父就要把你想要的新工作交给你了。你会拥有自己的马匹去放牧，因为去年夏天你捡牛粪时表现得极为出色。"这是艾伦在工作上得到的第一次提升，他开心极了，一个小小的信念也因此在他心中生根发芽。

后来，艾伦得到了肉铺帮工的工作，每星期挣 1 美元。这活儿仍然恶心，但是他的想法很简单：先做好，一定会得到提升的，然后就能摆脱这份工作了。果然，他后来成了年薪 150 多万美元的首席执行官。再后来，艾伦掌控了美国读者最广、影响力最大的报纸——《今日美国》。

可见梦想需要坚持，坚持可以让当初貌似不切实际的想法变成现实，只有不断地追求，梦想才会实现。

拿破仑小的时候，他的叔叔曾经问他："将来长大想要做什么?”拿破仑回答说：“从军，然后带领法国军队，席卷整个欧洲，建立一个前所未有的超级大帝国，最后做这个大帝国的皇帝。”

他的叔叔还没听完就忍不住大笑，指着他的额头说：“你所说的一切全都是幻想！你要当法国皇帝？那是根本不可能实现的事情！照我看，你长大之后，还不如去当一个小说家，这样你更容易实现皇帝梦。”

被叔叔这一番嘲笑，拿破仑不但没有泄气，而是走到窗前，指着远处的天边，郑重其事地问叔叔：“你看得到那颗星星吗?”这时还是大白天，叔叔诧异地走到窗前，茫然地说：“星星？什么星星？现在是中午，当然看不到啊！孩子，你该不会是疯了吧?”

可拿破仑却认真地说道：“就是那颗星星！我可以看得到，它高挂在天边，不分日夜，一直为了我而闪烁着，那是属于我的希望之星，只要它存在一天，我的梦想就永远不会破灭。”

事实上，那颗“希望之星”从未高悬天际，它一直深藏在拿破仑的内心深处，凭借着它的指引，更因为自己的梦想，拿破仑终于让自己坐上了法国皇帝的宝座。

其实有许多像拿破仑一样的著名人物，不管遭遇什么挫折，不管前方有什么厄运，他们始终坚持自己的梦想，最终为人类创造了巨大的物质和精神财富：爱迪生不懈地追求，最后发明电灯；莱特兄弟经过不计其数的试验，终于实现了人类翱翔蓝天的梦想……可想而知，如果没有那么多能坚持梦想的人，现在又将会是怎样的世界呢?

理想或自己钟爱的事业是诱人的，但实现梦想的人总是少数，因为只有少数人能把梦想坚持下去，伟大的成就并不是在幻想中取得的，实现它需要你的付出和锲而不舍。很多人只是机械地活着，因为实现梦想是个艰难的过程，甚至会遭受很多的阻碍，不被人理解，常常被人排斥。所以，实现梦想需要自信和坚持。

做事就像爬山一样，越往上爬，山势越陡，消耗的体力越多，快到山顶的时候，体力已消耗得差不多了，再往上走一步都很艰难，此时只有不丧失信心，继续坚定地走下去，才能达到胜利的峰巅。

看下面这个寓言故事：

有两只蚂蚁不慎误入一只玻璃杯中。它们慌张地在玻璃杯底四处触探，想寻找一个缝隙爬出去。不一会儿，它们便发现，这根本不可能。于是，它们开始沿着杯壁向上攀登，这是通向自由的唯一路径。

然而，玻璃表面实在太光滑了，它们刚爬了两步，便滑了下来。但为了逃生，它们还是继续往上攀登。很快，它们又重重地跌到杯底。三次、四次、五次……有一次，眼看就快爬到杯口了，可惜，最后一步却失败了，而且，这一次比哪次都摔得重，比哪次都摔得疼。好半天，它们才喘过气来。一只蚂蚁一边歇息，一边泄气地说："咱们不能再浪费气力了。否则，不等饿死，就得先摔死了。"另一只蚂蚁说："刚才，咱们离胜利不是只差一步了吗?"说罢，它又重新开始攀登。

一次又一次跌倒，一次又一次攀登，它终于摸到了杯口的边缘，用最后一点力气，翻过了这道透明的围墙。

隔着玻璃，杯子里的蚂蚁既羡慕又忌妒地问："快告诉我，你获得成功的秘诀是什么?"

杯子外边的蚂蚁回答："接近成功的时候可能最困难。谁在最困难的时候不丧失信心，谁就可能赢得胜利。"

要做自己想做的事，就要有百折不挠的精神，无论遇到什么困难，都不言放弃，最大限度地发挥自己的作用。消极懈怠的态度不仅对成功无益，也让别人失望。认真对待每一件事，既能锻炼自己的品质，也会让其他人对你更有信心。

越努力的人路越宽

事实证明，世界上绝大多数的成功都是人努力的结果，即使是让一颗玉米的种子结出果实这样一件简单的事，也需要人把种子埋进土里，旱了为它浇水，闹虫灾了为它喷药，荒了为它除草。只有你把一切工作都做到位的时候，它才能成熟，结出硕果。

可想而知，在美国，在种族歧视的背景下，一个黑人要成为一个总统会有多么难，但历史的法则告诉我们成功只属于那些努力的人。奥巴马就是一个一直努力致力于改善民众生活而又脚踏实地的人。他一直在努力工作，就像他自己在演讲中所说的："在我 20 多年参与公共事务的过程中，曾与芝加哥南部的社区领袖们共同奋斗，亲眼目睹了为争取良好的就业和教育条件而实现的黑人、白人、拉丁人之间的关系好转。"

奥巴马曾与执法及民权支持者坐在一起，讨论改革一项将几个无辜的人判为死罪的刑事司法制度。他曾与共和党的友人一道致力于为更多儿童提供健康保险，为更多工薪家庭提供减税，制止核武器扩散，确保每一个美国人都了解他们税款的去向……

奥巴马在上海与复旦大学学生互动交流时，一个学生提出这样一个问题："因为您获得了诺贝尔和平奖，所以我想知道您是如何得到这个奖的？还有您的大学教育是怎么样的？我们很好奇，想请您给我们分享一下您的校园经历，如何才能走上成功的道路？"

奥巴马十分有礼貌地回答道："我也不知道有什么课程学了之后可以得到诺贝尔和平奖，不过很显然，各位都非常努力地学习，非常有好奇心，愿意自己去思考一些问题。而我现在经常见到的这些对我最有启发的以及最成功的人，我认为这些人都是那些愿意不断努力工作的人，同时还不断地通过找新的途径进行提高的人，他们不仅仅是接受现状、接受常规。很显然，在成功的问题上殊途同归，有些人进入政府服务，有些人想当老师、教授，有些人想经商，我认为不管你从事哪个领域的工作，如果你不断地努力更新和改进，而不只是满足于现状，一直在扪心自问，看看是否能够以不同的方式来解决问题的话，那么不管是科学也好、技术也好、艺术也好，去尝试前人没有用过的方法，只有这些人才能出人头地。"

最后，奥巴马说道："我最敬仰的那些成功的人士，他们希望对世界做出贡献，希望对他们的国家做出贡献，对他们的城市做出贡献，他们希望除了对自己的生活有所影响，同时对别人的生活也带来影响……我相信只要在座的你们努力的话也能够做出这样的贡献。"

奥巴马把政治当作是实现自己热情和理想的方式，并且，就如他自己所说，他并没有满足于现状，在努力工作的同时，他还在努力寻找更有利于发挥自己才能，为他人做贡献的平台和机会。

努力工作需要我们放下抱怨。有时候，我们面对自己的工作，总是抱怨自己的起点太低，或者抱怨自己生不逢时……成绩不是抱怨出来的，如果对自己的生活感到不满要寻求改变的话，努力工作是唯一出路。

乔治大学毕业后，进入到一家文化工作公司。不久，他就听到公司里有员工抱怨说："原以为进入这家出版社能领到很好的薪水和福利，没想到薪水那么少！更气愤的是，都快一年了，社里都没有给我们涨工资的意思。"乔治并没有参与到这种私下里的发牢骚之中，他只是埋头苦干，任劳任怨。

同事私下里问乔治："你整天被派来派去地干那么多活，却领那么点薪水，你不觉得太亏了吗？要是我，早就不干了！”对此，乔治只是一笑了之，然后回答说：“愿意多付出，才更容易收获。我觉得多做事对我的成长只有好处，没有坏处。”

两年过去后，那些比乔治先进公司的员工有的被辞退，有的虽然还留在公司里，但薪水待遇并没有提升多少。而乔治呢？薪水已经提升了10倍，并且担任了编辑室的负责人。

10年后，乔治离开了这家出版社，成立了自己的出版公司。再后来，乔治成了著名的出版人。乔治以自己的努力登上了自己事业的高峰。

在生活中，我们会经常发现才华横溢却不得志的上班一族。他们之所以不得志，主要是因为他们不能端正自己做事的理念，他们认为自己努力做事是在成全老板而不是自己，所以他们工作起来不够热情，不够努力。他们不知道在努力工作的同时，提高的是自己，也不知道自己的未来和前途就取决于自己工作的努力程度。只有当我们在一份工作上努力做出成绩之后，我们的薪水才可能会涨，职位才可能会得到晋升。其实，世界顶级的成功人士也是通过努力工作而最终走到权力巅峰的。

有人说：“聪明的人依靠自己的工作，愚蠢的人依靠自己的希望。”我们的努力有时候确实不能够得到及时的回报，这时候，我们依然应当保持斗志，让自己继续努力，因为做事情不像开灯，一按开关，灯就亮了。努力往往要花费很多时间，时间久了，功到自成，回报也自然会来的。但是如果放弃则意味着前功尽弃。

日本“经营之神”松下幸之助曾多次去同一家电器公司面试，才终于被吸纳成为其中的一员。从这家电器公司开始，他不断得到提升和进步，最终创立了闻名世界的松下电器。

一个人如果能坚持勤奋努力地工作，他精神上散发出来的活力和光彩，同样能够让别人尊敬和认可，因为努力工作本身就是一种成功。所以，任何时候，你都不要放弃努力。

处理好与周围人的关系

在现代社会，一个人要想创出一番事业，靠自己一个人的力量是不行的，必须有良好的人际关系的支撑，这就要处理好与周围所有人的关系。这种行为的目的是增强自己的竞争力。

老一辈人担心年轻人不肯踏踏实实地付出劳动时，常常语重心长地告诫他们“只问耕耘，不问收获”，认为只要我们劳动过、辛苦过，这一生就没白活，至于收获，那是不应计较的事。但是现阶段这种传统意识已经不适应个人事业成长了，甚至是害人不浅。

很多人都有这样一个发现：自己的同学、朋友，几年不见，聊起天来，眼里多半都是有收获的，这个提职了，那个成了老板。这时候是最刺激人的。一些平时“只问耕耘”的人，不但没出息，有的反倒在不知不觉中失业了。

要想成就事业，就必须懂得竞争的道理。因为今天的岗位也好，薪金也好，机会也好，职务也好，无不是通过竞争来的，只管低头拉车不会抬头看路的人，谁会主动把好处送给你呢？

那么，我们怎样去应付竞争呢？

正当的竞争并不等于老老实实、本本分分。我们承认老实是一种好的品质，但是这种品质难以在竞争中获胜。世界知名作家裴斯泰洛齐说：“过分老实就是愚蠢。”这个道理是适用于仕途的。要想参与竞争并获得胜利，必须敢争敢抢，敢说敢干。不过，这种争抢是按照规则办事的，并非是要野蛮，或者不择手段地投机取巧。如果一味忍让，逆来顺受，那你就什么也得不到，主动出击才会有所收获。也就是人们常说的：“当仁不让莫低头。”

在日常工作中，要有争先的思想准备。在关键时刻，更不能轻易让步。此时的退让，往往会失去应有的机会与前程。

“只问耕耘，不问收获”尽管是好品质，但不是竞争中的好方法，而且这条宗旨，在今日的事业中似乎再也不合时宜，尤其是在竞争激烈、人才济济的大公司、大单位里，所有的有利职位都是僧多粥少，越是“只问耕耘”的人，就越是没有出头之日，因为隐没在人群中，领导者们根本无暇看到。于是，做个沉默者，便只有吃亏和埋没的份儿了。

在现代社会中，竞争的存在是不可避免的，也是正常的。每个单位都有晋升、提薪的机会，而在众多的同事中，谁是中标者，就靠个人表现，这便出现了竞争。每个人都有上进之心、好胜之心，竞争本身又有利于促进每个人的成长，有利于个人抱负的实现。但是要知道竞争不是拼杀、斗狠，应该是正当的，同事之间的竞争，更不应该把对手看成冤家，同事之间的竞争要以共同提高、互勉共进为目的，要抱着这样的竞争心理投入到竞争当中去。

竞争总要争出结果、分出胜负的，就看你能否正确地对待胜与败这两种结果了。有人在竞争中不择手段，甚至做出违纪违法的事来，这是绝不允许的。

竞争中每个人都是平等的，有成功者，就有失败者，胜负只说明过去，他胜了，你向他祝贺，并要从中找出自己身上存在的缺陷和不足，以利于今后的发展。同事之间，竞争时是对手，工作中是同事，生活中是朋友。

竞争后，胜者不必得意忘形，输者也不必垂头丧气。要想做到这一点，就得把名利看得淡一些、轻一些，竞争总有失败者，何必那么在意结果而沮丧呢？又何必为了此名此利而要阴谋诡计、费尽心机呢？既然没能获得胜利，说明你要实现你的抱负还有欠缺，找到这些欠缺，努力弥补，为下一次竞争积淀成功的资本，才是你应该做的。

把事情做得完美要有激情

要承认，大多数人是有做一番让人称赞的事的愿望的，但也要明白，很多人的做事态度是不坚定的，甚至是有问题的。主要的表现就是不肯坚持吃苦，遇到挫折就丧失信心，不肯努力了。

现实中有不少年轻人就是因为这一原因陷入了颓废的境地，他们常常对别人说："我不是做大事的料。""能混口饭吃就已经不错了！"这种人实际上已经承认了自己是个废才，甚至他们已经偏离了人应该具有的正常生活，根本就谈不上什么"进步"与"成功"。

年轻人要始终富有朝气。振作精神虽然未必能立竿见影，使你马上得到物质上的收益，但是它能够使你的生活变得充实起来，等待奋发的机会。如果不振作精神，做任何事情都敷衍了事，那么你就永远不会有进步。你必须集中你的全部精力与体力去努力拼搏，每天都要使你自己的能力有明显的进步，经验有相当的积累。因为所有的工作都可以用来发展我们的才能，丰富我们的经验。相信"天生我才必有用"，最终也一定会做出一番业绩的，虽然不能名垂千古，但也不要虚度此生。

世界上的各种伟大事业没有一件是只想“填饱肚子”的人，或者得过且过的人干成的。做成这些大事业的人，都是那些意志坚定、不畏艰苦、充满热忱的人。试想，一个想创作一幅名作的画家，如果他拿笔的时候心不在焉，连要画什么都没想好，能画成一幅传世名作吗？对一位想写一首脍炙人口的好诗的诗人来说，对一个想创作一部为人传诵的名著的作家来说，对一位想研究出一门有利于人类的科技成果的科学家来说，如果他们工作之初就没有信心，工作起来又无精打采，那么他们有成功的一天吗？

有人曾说，如果想把事情做到完美的境地，就非得有深邃的眼光和充分的热诚以及良好的规划能力不可。确实如此，一个生气勃勃、目标明确、深谋远虑的人，一定会接受任何艰难困苦的挑战，会集中心思向前迈进。他们从来不认为生活是可以“得过且过”的，所以，他们的生活日日是新的，他们的每月每天都在按计划进步，他们知道，一定要向前进，不管是进了一寸还是一尺，最重要的是每日都在朝着目标前进。他们从不担心自己的能力不够，经验不足，唯恐自己沦落为一个仅能混口饭吃、仅能填饱肚子的人。

世界上有无数的人在浪费自己的潜能和时间，每遇到必须由他们自己来负责的事情，他们还总是习惯性地躲避，恨不得马上有人伸出援助之手，来帮助他、保佑他。

如果所有的年轻人都像他们这样懒散成性，那么无论何时何地，都不会有他们的立足之地，没有人会需要他们。而相反，一个富有思想和判断力、具有创造力、能够刻苦耐劳的人，随处都可以立足，在哪里都有希望。而另外一些人只会埋怨机会太少，或怀才不遇，那种人是一辈子都不会有出息的。

如果从各方面来观察，我们就可以看出一个无法跻身于一流人物的人是什么样的。有些人常常习惯于浪费时间、空耗精力，他们的理解力也很差，言谈举止也显得很迟钝，这种人似乎不会有什么发展的余地。这种人似乎还不配做一个二流人物，甚至是根本就不入流。

另外有一种人注定不会有所成就，他们一有机会，就放纵自己，尽情享乐，不求进取，肆意挥霍自己的精力、体力和脑力，结果在醉生梦死中虚度一生。

那些不畏挫折、不畏艰险，勇敢前行努力拼搏的人，内心充满斗志，无视前方的任何艰难险阻，眼中只有未完成的目标，只有这样勇敢付出的人，才有可能攀登上事业的高峰。

你出色才能够做出色

我们常讲的成功多数指事业上的成功，这是一种大成功，一般地讲，如果一个做不好自己本职上的具体工作的人是做不成事业的。看一个人能不能开拓出一项事业，从他做的具体工作上就看得出来。只有一个用心工作懂得对工作负责，对社会负责的人，才能用心做大事。

为了自己也好，为了自己入职的企业也好，只有能够用心工作，对待工作如对待自己的事业那般投入和虔诚，带着强烈的事业心和责任感去做事就会出业绩！用心工作，应该成为每一位员工所追求的职业精神。

一个员工是否能够用心工作，其结果的差别是很大的。如果不是用心工作，不是带着自己的真心、诚心、良心去做事，那么，他往往不能达成企业以及他自己预想的效果，而用心工作的人往往能够将工作做得非常出色。

看下面这个小故事：

一个小和尚在寺庙专管撞钟，撞了半年，觉得无聊之极，尽管他每天都能按时撞钟，但半年下来住持却很不满意，就调他到后院劈柴挑水，原因是他不能胜任撞钟一职。

对此，小和尚很不服气，问住持：“我撞的钟难道不准时、不响亮？”

老住持告诉他：“你撞的钟虽然很准时，也很响亮，但钟声空乏、疲软，没有感召力。钟声是要唤醒沉迷的众生，因此，撞出的钟声不仅要洪亮，而且要圆润、浑厚、深沉、悠远；而你没有撞出这样的效果。”

是啊，小和尚撞钟不过是走形式而已，并没有融入“唤醒众生”的心，这样撞出来的钟声自然不能达到老住持所要求的效果。

现实中，我们对待工作的态度也如此，如果只是抱着“做一天和尚撞一天钟”的心态工作，不仅对个人的进步无益，也影响自己将来的前途。

用心工作，才能将工作做到位，才能对工作中的每一件小事情都精益求精。在单位中，一个用心工作的人，不仅为企业创造了价值，同时他还能为实现自己更多的理想打好基础。

美国伯利恒钢铁公司董事长齐瓦勃出生在美国乡村，由于家境贫寒，他很早就辍学，几乎没有受过什么像样的学校教育。辍学后他便出来打工，给人做一些零活。一个偶然的机会，齐瓦勃看到钢铁大王卡内基所属的一个建筑工地在招工，于是他报名成了建筑工地的一名工人。

建筑领域的工作，齐瓦勃从来没有接触过，要干好这一行他需要从零开始学，而且他抱定了要做同事中最优秀的人的决心。当其他人在抱怨活儿累挣钱少而消极怠工的时候，他却默默地做事，而且做得非常带劲，他觉得这是他积累经验的好时候。同时，他还利用工作之余的时间自学建筑、管理方面的知识。

一天晚上，工友们都在闲聊，唯独齐瓦勃一个人躲在角落里静静地看书。那天恰巧公司经理到工地检查工作，经理看了看齐瓦勃手中的书，又翻开他的笔记本，问他：“建筑工作已经很累了，怎么还读这些书呢?”

原来当时齐瓦勃读的是一本管理方面的书籍。齐瓦勃说：“我不光是为老板打工，更不单纯为了赚钱，我是为自己的梦想打工，为自己的远大前途打工，我之所以看这类书就是希望自己朝着更高的方向努力，而且我把这份工作当成自己的事业来做，当然希望把它做好。”

经理听了十分高兴，没再说什么就走了。不久，齐瓦勃就被升任为技师。

用心工作，将自己的工作当成自己的事业来对待，这是齐瓦勃一直坚持的信念。正是这种信念让他不懈努力，在自己的工作岗位上尽职尽责，没多久，齐瓦勃就升到了总工程师的职位。在他 25 岁那年，齐瓦勃当上了这家建筑公司的总经理。

当时，卡内基的钢铁公司有一个叫琼斯的工程师兼合伙人，在筹建公司最大的布拉德钢铁厂时，琼斯发现了齐瓦勃超人的工作热情和管理才能。当时身为总经理的齐瓦勃，每天都是最早来到建筑工地。当琼斯问齐瓦勃为什么总来这么早的时候，他回答说：“只有这样，当有什么急事的时候，才不至于被耽搁。”

齐瓦勃的工作态度赢得了琼斯的认可和好感，布拉德钢铁厂建好后，琼斯便提拔齐瓦勃做了自己的副手，主管全厂事务。后来，在一次事故中，琼斯不幸丧生，齐瓦勃便接任了厂长一职。几年后，齐瓦勃被卡内基任命为钢铁公司的董事长。

从一名工地的工人成长为董事长，一路走来，齐瓦勃靠的是自己用心工作，将工作当成自己的事业来对待的负责的态度和非凡的热情，于是，他取得了自己事业的成功。如果我们每个人在工作中都能像齐瓦勃那样努力，相信也都会成功的。

可见，如果一个人将来要干成一项事业的话，首先要对工作有一种热爱，以饱满的精神状态投入工作，并且专心致志地做好每一件具体工作，最后才能完成自己的大目标。

微软公司董事长比尔·盖茨说过："如果只把工作当作一件差事，或者只将目光停留在工作本身，那么即使是从事你最喜欢的工作，你依然无法持久地保持对工作的热情。但如果把工作当作一项事业来看待，情况就完全不同。"

IBM 创始人托马斯·约翰·沃森说："如果你想做到出色，你就一定能够做到。只要从你有这个想法的一刻开始，停止再做碌碌无为、草草了事的工作。"

石油大王洛克菲勒说过："如果你视工作是一种乐趣，人生就是天堂。如果你视工作是一种义务，人生就是地狱。"

比尔·盖茨、托马斯·约翰·沃森、洛克菲勒，这些人之所以在事业上取得巨大的成功，与他们上述的工作态度是密不可分的。所以，让我们用心工作吧，将工作当成自己的事业来对待，只要坚持下去，我们相信，总有一天，我们也会成为成功人士中的一员！

把小事做好才有做大事的本钱

每个人都有自己的梦想，尤其是初入职场的年轻人，梦想着做大事，梦想着飞黄腾达。然而，我们知道，没有什么事情能够一蹴而就，无论是当富翁还是做高官，都是通过一点一滴的积累而得到的。而做好我们眼下的工作，就是我们实现梦想的起点。我们从点滴做起，在工作中一点点积累，一点点磨砺自己，让自己逐步地提高才干和本事后才能大展身手、一展宏图。

查理·贝尔在他 43 岁的时候当上全球快餐业巨头麦当劳的总经理，是麦当劳最年轻的首席执行官。然而，大家所想不到的是，他最初只是澳大利亚一家麦当劳店的临时工。

1976 年，年仅 15 岁的贝尔开始了他的职业生涯的第一步。他进麦当劳店的想法很简单，打工赚取一些零用钱。他从来没有想过以后在这里会有什么发展。他被录用了，而工作内容就是做清洁。虽然这个活儿又脏又累，但贝尔从来没有怨言，他尽职尽责，认认真真地将工作做好。而且做完自己的工作，他常常会做很多自己工作范围以外的活儿。他常常是打扫完厕所，就擦地板；擦完地板，又去帮着翻正在烘烤的汉堡。

这种工作态度和精神给麦当劳打入澳大利亚餐饮市场的奠基人彼得·里奇留下了很好的印象。

没多久，里奇说服贝尔签了员工培训协议，把贝尔引向正规职业培训。培训结束后，里奇又把贝尔放在店内各个岗位上，对他进行锻炼。虽然只是钟点工，但悟性出众的贝尔不负里奇一片苦心，几年后，贝尔就全面掌握了麦当劳的生产、服务、管理等一系列工作。

19 岁那年，贝尔被提升为澳大利亚最年轻的麦当劳店面经理。后来，担任麦当劳澳大利亚公司总经理。1999 年，贝尔被调到麦当劳美国总部，并先后担任亚太、中东和非洲地区总裁、欧洲地区总裁及麦当劳芝加哥总部负责人。2002 年年底，他被提升为首席运营官。

在担任总裁兼首席运营官期间，贝尔负责麦当劳公司在 118 个国家的超过 3 万家麦当劳餐厅的经营和管理，并从 2003 年 1 月 1 日起开始进入董事会。

贝尔不仅是麦当劳历史上第一位非美国人的 CEO，也是近年来餐饮业中少有的亲自站过柜台的董事长，成为一个从最底层一步步晋升到公司高层的典范。

贝尔经常用自己的亲身经历鼓励身边的年轻人，在北京参加麦当劳续约奥运会全球合作伙伴的新闻发布会时，他说："我从 15 岁起就在澳大利亚的餐厅兼职打工，19 岁就成为澳大利亚最年轻的餐厅经理。我能做到，你们也能做到，明天的总裁就在今天的这些明星员工中间。"

贝尔成功以后，对公司充满了感激之情，2004 年，贝尔被诊断出患有直肠癌。但是他仍继续坚持为公司工作了半年多。

贝尔用他的亲身经历告诉我们，他是如何从一个清洁工走向麦当劳公司执行总裁的。所以，不要总是对目前的工作敷衍了事，既然选择了一份工作，不管是扫大街、扫厕所，还是刷碗、建筑，都要带着感激之心踏踏实实做好自己的工作，总有一天，成功会垂青于你。

没错，认认真真地将工作做好，一步一个脚印，踏踏实实，你就是在通往梦想的路途中！而浮躁、抱怨只会让你离自己的梦想越来越远。

在生活日新月异的今天，人们也变得越来越不满足于现状，总是想着一步登天！很多人在工作中总是抱怨："这样的破工作，什么时候才能买到房子！""这么低的工资，何时才有出头之日？"岂不知财富都是奋斗来的，不经过奋斗就想有房子有车的你越是抱怨越是浪费时间，离梦想就会越来越远！

有一位作家说过："你答应做这个工作，就算再不喜欢，你也一定在做的那一刻好好享受。之前可以很憎恨，之后可以痛恨，但做的那一刻要很享受。"没错，不管你做什么工作，都要带着一份感激的心，工作是带给我们物质食粮的基础，是我们成就事业的起点，是让我们不断成长的渠道！唯有先从点滴开始，武装自己，丰富自己，才会有机会，有能力去实现内心那份热烈的期盼，那份美好的梦想！

所以，从手头的工作开始吧，认认真真地将工作做好！通过不断地积累和锻炼，才能发现并塑造全新的自己，一步步走上新的台阶，如果连起码的本职工作都做不好，还想一下子就要达到一个什么样的高度就是幻想。

梦想是在工作中一点点实现的！你只要踏踏实实迈开实现自己梦想的脚步，就会离梦想越来越近。

态度决定了事业的成败

态度在做事中起着决定性的作用，它适用于生活的各个领域。来自哈佛大学的一项研究发现，一个人在他取得的成就中，以及他所遭受的失败中，积极、消极、努力、乐观、自信、犹豫、责任心……这些态度因素的影响占 80% 左右。无论你选择哪个领域的工作，都可以这么说：态度决定结果。

20 世纪 30 年代，日本有一个很穷的村子，村里的人大部分都靠种地为生，地里的收获只能解决他们的温饱问题，但是所有的人并没有厌烦这种生活，相反，他们都为这种无忧无虑的生活而感到快乐。

一天，一个男孩决定离开家出去打工，他不想过这种一成不变的日子，他觉得这不是一个成功的人生。男孩很幸运地遇到了一个商人，男孩想：我就跟着他干，一可以挣钱，二可以学学经商之道。

就这样，经过了两年在外打拼的生活，男孩跟这个商人学会了经商。他满怀信心地开始了自己的创业，但不幸的是，两年以后男孩经商失败，赔光了所有的本钱，连住宿吃饭的钱也没有了。无奈之下他又回到了家里。回去后他觉得自己非常没面子，甚至想用自杀来结束自己的生命。

他的这个企图被村长发现了，他找到男孩，问他：“为什么要想到自杀?”年轻人便把在外经商失败的事情告诉了村长。村长说：“你认为现在自己什么没干成很没面子，于是就不想活了，但你想过没有，两年前你与现在一样也是一无所有，可你却活得很开心。听说你现在已经学会了如何做生意，可原来你是不会的，这说明你出去闯荡了两年是有收获的。其实，只要心态摆正了，成功是迟早的事。”

村长的话让年轻人解开了心结，他想：“是啊，两年前自己什么都没有。现在虽然失败了，只不过又回到了原来的起点。只要我找到失败的原因，日后还会有成功的机会。”想通了以后，男孩又跃跃欲试了，他想一定要做出让全村人都刮目相看的一番事业不可。在以后的日子里，一有时间他就研究自己经商失败的原因。后来，时机终于成熟了，在他彻底掌握有关的生意规律和规则、了解了市场后，他又一次出去闯荡了。这一次他成功了，成为了他们村子里第一个在外成功的商人。

年轻人由失败到成功的转变，正是缘于他确立了正确的态度。

做事业，有人成功，有人失败，成功者与失败者之间到底有着怎样的区别?究竟是什么决定了他们事业的成败?

成功者之所以与常人不同，其决定因素不是智商，不是技能，也不是身体条件，而是他们对事、对形势有着比常人更深刻、更正确的观念和态度。

据专家研究：人在智力上的差别是很小的，智力超常和智力低下者为数极少，不到5%。调查显示心态是一个人成功与失败的最根本原因，一个人选择了积极的心态，就等于选择了成功的希望；选择消极的心态，就注定要走入失败沼泽。

一位哲人说："要么你去驾驭生命，要么是生命驾驭你。你的态度决定谁是坐骑，谁是骑师。"一位伟人说："你的心态就是你真正的主人。"

究竟是什么决定一个人的成功与失败？对一个理性的强者来说，是理想加上不屈的自信，只要自己对自己要做的事持肯定和自信的态度，绝大多数的理想和目标都是可以实现的。

其实，命运是与我们一同存在的。有的人觉得它深不可测、神秘怪诞，且来去无踪，于是就感到畏惧，从而对其俯首听命，任由它的摆布。其实，命运就掌握在我们自己的手中，具体地说就取决于我们对生活所持的态度。有什么样的心态就有什么样的命运，积极心态打造积极人生，消极心态打造惨淡人生。

要想干成一项事业或者要在职场上赢得一席之地，关键是要对自己所面临的抉择有一个清醒和端正的态度，这个态度是你行动的动力源泉。态度影响行为，行为决定着前进的方向，方向决定着人生的命运。

工作中亦是如此，每个人都面临着巨大的压力，但是，只要每天上班前你能笑着对镜子中的自己说："没有什么过不去的坎！我是最好的。"如此一来，良好的心态会让你在一天的工作中产生自信的力量。你只要明白，今天过了，明天还是崭新的一天，那么，一切困难和不如意都将过去。相信今天也会过得很轻松、很快乐，因为学会用积极的心态处理事情会让你事半功倍。

你的态度决定了你是成功还是失败，即使你获胜的把握不大，只要怀有积极的心态，它就会最终把你带向成功。积极的心态永远都是向上的，相信你的人生也会因此走向成功。

Chapter8

事在人为，命运靠自己去改变

世界上人口众多，行业众多，组织也众多，而且人又都各有差异，这就决定了人在这个社会上的生活遭遇是不一样的，有的人可能生活顺畅，万事如意，而有的人可能生活困窘，不时地遭遇坎坷，正所谓“万千世界，精彩人生”。

人的好命歹命看似随意，但事在人为，并非天注定。外在环境可以影响你的命运，但你也可以通过努力来调整自己的人生方向，提高自己的适应能力和创造能力，进而改变自己的命运，沿着自己追求的方向努力寻找幸福的归宿。

把握好人生关键，也就把握了命运

每个人都有着自己不同的生活道路，经历着人生无数次的抉择。而所谓的有好运的人，也就是正确地选择了人生中所要走的道路。

有这样一则故事：

有一只被人用细铁链锁着的老鹰见到一只小鸟唱着歌儿从它身旁掠过，它也想自己飞翔，于是它用尽全身的力量，挣脱了锁链，可它在挣脱的同时，也弄折了自己的翅膀。它用折断的翅膀飞翔着，但没飞多远，它那血淋淋的身躯还是不得不栽落在地上。

老鹰向往小鸟的自由，挣脱了锁链，却损失了自己的翅膀。而失去了翅膀的老鹰怎么算是自由了呢？所以，这只老鹰没能理性地把握自己的选择。因此，它的命运是凄惨的。

自由和锁链本来就是孪生兄弟。在现实生活当中，自由似乎都被锁链拴扣着。“鹰击长空，鱼翔浅底”这都是现实吗？人们问自己。就让自己活在梦境当中，当它是真的吧。可长空中的老鹰挣脱有形的锁链之后，却不知自己又被内心的欲望这条无形的锁链锁着。

我国有句俗话："成人不自在，自在不成人。"一个人一生一世，忙忙碌碌，挑肥拣瘦，朝三暮四，为了什么？还不是为自己选择一条让自己自由生活的道路吗？正所谓："祸兮福之所倚，福兮祸之所伏。"当一个人属于福祸并存的空间的时候，正确取舍和抉择就凸显了它的重要性，或者让你走运或者让你不走运。

古时的一位高人在给慕名前来学习的人第一次讲道理时，他先拿了一满杯黑颜色的水，然后再往杯子里倒清水。杯里的水不断外溢，而杯中水仍有黑颜色混在其中。这时，那高人对求学者说："要想得到一杯清水，必先倒掉脏水，洗净杯子，学习也是如此。"

有追求必有所放弃，学习也是如此。要在学业上取得更大的进步，就需要不断抛弃陈旧的观念，更新知识，不断调整、改变思维方式。法国生理学家贝尔纳说："构成我们学习最大障碍的是已知的东西，而不是未知的东西。"爱因斯坦也说过："我学会了那些深邃的知识，而把其他只是充塞耳目、会转移主要目标的东西撇下不管。"

看下面这则小测验：

在一个暴风雨的夜里，你驾车经过一个车站，车站有三个人在等巴士，其中一个是病得快死的老妇人，一个是曾经救过你命的医生，还有一个是你长久以来的梦中情人。如果你只能带上其中一个乘客走，你会选择哪一个？

最佳答案是：把车钥匙给医生，让医生带老人去医院，然后你和自己的梦中情人一起等巴士。你的选择感动了你的梦中情人，她最终投入了你的怀抱。

有时候放弃自己原本不该放弃的东西，对每一个人来说，都有一个痛苦的过程，因为放弃，意味着自己暂时的不如意。但是，如果你此时不放弃，将让你一生不如意，这种抉择决定着一个人是选择好运还是不走运。

如果学会放弃一切固执，甚至是利益，反而可以得到更多的东西和利益。生活是公平的，给予每一个人的都是同样丰富的宝库，睿智的人会放弃、取舍，选择适合自己应该拥有的，相反，愚笨的人则着眼于眼前的利益，迟迟不肯放弃握在手中的蝇头小利，到头来捡了芝麻丢了西瓜，得不偿失，甚至最终什么都得不到。

人生中，要擦亮双眼，认清哪些是决定你人生至关重要的问题，哪些是无关紧要的问题。对关键的问题，自然要把握好、掌控好、处理好，这样你自然就会获得决定你一生的好运气，反之，斤斤计较那些蝇头小利、那些细枝末节，而忽略了那些至关重要的关键问题，陪伴你的也必然是那些糟糕的坏运气。

向命运挑战

命运存在也好，不存在也好，对于一个内心强大者来说并不在乎这一点，因为它是客观世界作用于人的结果。对于某种命运的光临，人们只有对其所持态度上的选择，没有避免它的能力，但是我们有不被它左右和影响的权力及能力。

一次，某建筑工地宿舍发生火灾，消防队员从废墟中找到了一对孪生兄弟。他们是此次火灾中仅存的两个人。

但兄弟俩在火灾中被烧得面目全非，虽然命保住了，但哥哥看到自己丑陋的样子整天唉声叹气："自己变成了这个样子以后还怎么去见人，还怎么养活自己？与其这样活着，还不如死了算了。"弟弟的样子比哥哥好不到哪去，但他努力劝哥哥："这次大火只有我们得救了，我们应该活得更有意义。"

兄弟俩出院后，哥哥最终还是面对这种厄运偷偷地服了安眠药离开了人世，而弟弟却坚强地活了下来，无论遇到怎样的冷眼，他都咬紧了牙关挺了过来，他每次都暗自提醒自己："我的生命比谁都高贵。"

有一天黄昏，他看到不远的一座桥上有一个人在低头徘徊，他下意识地也来到了桥上，那个人见他过来，猛然跑到桥边顺势跳进河里，好在他小时就在水泡子里练就了一身好水性，见此他丝毫没犹豫，随即跳下去，将那个人救了起来……

后来得知他救下的是一位亿万富翁，大老板只因不能忍受长期抑郁症的折磨萌生了自杀的念头，没想到却没有死成。大老板为了表达救命之恩，答应出钱给他做整容手术，从此，他又开始了崭新的生活。

在相同的境遇下，不同人会有不同的命运。在人生的风雨中，我们都难免遭遇风吹雨打，但是，我们必须拥有抵抗风雨的勇气与能力。所以，我们随时都要有迎接命运考验的准备，并敢于向命运挑战。缺憾应当成为一种促使自己向上的激励机制，而不是一种宽恕和自甘沉沦的理由。

有一次，松下电器公司招聘一批基层管理人员。计划招聘15人，报考的却有几百人。考核采取笔试与面试相结合的方法，经过一周的考试和面试之后，通过电子计算机计分，选出了15位佼佼者。

当松下幸之助将录取者一个个过目时，发现有一位成绩特别出色、面试时给他留下深刻印象的年轻人未在15人之列。这位青年叫神田三郎。于是，松下幸之助当即叫人复查考试情况。结果发现，神田三郎的综合成绩名列第一，只因计分出现差错，把分数和名次排错了，导致神田三郎落选。

松下幸之助立即吩咐手下纠正错误，给神田三郎发放了录用通知书。第二天，松下幸之助却得到了一个惊人消息：神田三郎因没有被录取而跳楼自杀了。录用通知书送到时，他已经死了。

松下幸之助知道后沉默了好长时间。一位助手在旁边自言自语："多可惜，这么一位有才干的青年，我们没有录取他。"

“不,”松下幸之助摇摇头说，“幸亏我们公司没有录用他。如此自卑的人是干不成大事的。”

人生并非一帆风顺，因为求职未被录用而拿死亡来解脱，简直太可惜了，同时也显示出这个人不堪大用，因为一点点挫折都经受不住的人，是无法做成大事的。

“成功者”与“普通者”的区别在于：成功者总是充满自信，洋溢活力，对挫折和失败有很强的抗拒能力，而意志薄弱者即使很富有，但在厄运面前，却无任何抗争的能力，任凭厄运的肆虐，这在很大程度上注定了两者不同的命运。

好运是争取来的

在一些饭店、旅店和大型会所等地方，我们会看到他们供奉着神明塑像或牌位。目的不言而喻就是保佑他们走好运发大财。其实，所谓的好运不是祈祷来的，而是争取来的。

提起美国的石油大亨洛克菲勒许多人都不陌生，他的知名度远远超过很多知名人物。他对运气有自己的看法，他说有些人因为有卓越的才能，注定成为王者或伟人，譬如，发明家塞勒斯·麦考密克，他长着一颗能制造运气的脑袋，知道如何将收割机变成收割钞票的铲刀。

事实上，塞勒斯·麦考密克确实是位野心勃勃且具商业才能的实业巨子，他用收割机解放了美国农民，同时也把自己送入全美最富有者的行列。不光美国人尊敬他，法国人也尊称他为“对世界最有贡献的人”。

塞勒斯·麦考密克曾说过：“运气是设计的残余物质。”这句话听起来的确很抽象，让人难以理解，它是指运气是人们创造的结果呢？还是指运气是人们创造后剩余的东西呢？可以说，这两种意义都存在。这两种意义可以总结出一句话，那就是，运气完全可以自己创造。

塞勒斯·麦考密克洞悉了运气的真谛，打开了运气之门，所以，他的收割机才能行销全球，成为日不落产品。

然而，在我们这个世界里，很难找到像塞勒斯·麦考密克那样善于创造运气的人，也很难找到不依赖运气的人和不误解运气的人。

在平凡人眼里，运气是与生俱来的，只要发现有人在职务上得到升迁、在商海中赚了钱，或在某一领域取得成功，他们就自然以很羡慕的口气说："这个人的运气真好，是好运帮了他!"这种人永远都不会知道每个人都是他自己命运的设计师。

诚然，就像人不能缺少空气一样，人不能没有运气相佐。但是，要想有所作为就不能等待运气光顾。不靠天赐的运气活着，但一定要力争制造运气。一个好的计划会左右运气，甚至在任何情况下，都能成功地影响运气。

洛克菲勒在石油界实施的变竞争为合作的计划验证了运气是可以制造的这一理念。在那项计划开始前，炼油商们各自为战，利欲熏心，结果引发了毁灭性的竞争。这种竞争对消费者来说当然是个福音，但油价下跌对炼油商却是个灾难。那时候绝大多数炼油厂都在亏本，并一个一个都开始进入破产的边缘。

洛克菲勒很清楚，要想重新有利可图并将钱永远地赚下去，就必须驯服这个行业，让大家理性行事。他把它视为一种责任。然而这很难做到，这需要一个计划——一个将所有炼油业务置于自己旗下的计划。

洛克菲勒首先彻底研究了形势并评估了自己的力量，决定将大本营科利佛兰作为自己发动统治石油工业战争的第一战场，待征服在那里的二十几家竞争对手之后，再迅速行动，开辟第二战场，直至将那些对手全部征服，建立石油业新秩序。

就像战场上的指挥官，选择攻击什么样的目标，要首先知道选择什么样的武器才最奏效一样，要想成功实现将石油业统一到麾下的计划，需要一个彻底解决问题的手段，那就是钱，洛克菲勒需要大量的钱去买下那些制造生产过剩的炼油厂，但他手头上的资金不足以实现他的计划，所以他决定组建股份公司，把行业外的投资者拉进来。很快以百万资产在俄亥俄注册成立了石油提炼公司，第二年资本大幅扩张了三倍半。

把握时机迅速动手，但如何把握时机却是关键所在。在开始实施计划之前，炼油业一片混乱，炼油商们已经陷入窘境，克利夫兰 90% 的炼油商已经快被日益剧烈的竞争压垮了，如果不把厂子卖掉，他们就只能眼睁睁地看着自己走向灭亡。洛克菲勒知道收购对手的最好时机到了。富有远见的商人总善于从每次灾难中寻找机会，洛克菲勒就是这样做的。

出于战略上的考虑，洛克菲勒选择的第一个征服目标不是不堪一击的小公司，而是最强劲的对手克拉克－拜恩公司。这家公司在克利夫兰很有名望，且野心勃勃。

洛克菲勒主动约见了克拉克－佩恩公司最大的股东奥利弗·佩恩先生，洛克菲勒告诉对方，石油业混乱、低迷的时代该结束了，为保护无数家庭赖以生存的这个行业，需要建立一个庞大、高绩效的石油公司，并欢迎他入伙。洛克菲勒的计划打动了佩恩，最后同意以 40 万美元的价格出售公司。

洛克菲勒知道克拉克－拜恩公司根本不值这个价钱，但是却没有拒绝，吃掉克拉克－拜恩公司就意味着将取得世界最大炼油商的地位，将为迅速把克利夫兰的炼油商捏合在一起充当强力先锋。

这一招果然十分奏效，在之后不到两个月的时间里，就有二十二家竞争对手归于石油提炼公司的旗下，并最终让洛克菲勒成为了那场收购战的大赢家。而这又给了洛克菲勒势不可当的动力，在此后三年时间里，洛克菲勒连续征服了费城、匹兹堡、巴尔的摩的炼油商，成为了全美炼油业的唯一主人。

商场就如同捕猎场，要想获取更多的猎物，成为好猎手，你需要细心观察、勤于思考、小心做事，能够看到事物中一切可能存在的危险和机遇。同时又要像一个棋手那样研究所有可能危及你霸主地位的战略，最后设计出令你脱颖而出的完美计划，照着做就可以了。

做个掌控自己命运的人

命运指的是一个人在生活中所经历的感受和境遇，它本来是一种由生活环境带给每个人的自然作用，有人却给它披上了迷信的色彩。就一般情况讲，一个人的所谓命运是一个由外在因素和内在因素共同作用的综合体。

许多外在因素往往是我们个人无法控制的，我们能把握的只是自身因素。但自身因素把握得恰切、适合也不是一件容易的事情，它需要一定的意志力来保证，如情绪的控制、习惯的养成、品德的修为、素质能力的提高，等等。

所谓“命运掌握在自己手里”，很大程度上就是指从主观上努力改善这些影响命运的因素。“谋事在人”，谋好这些因素，便是走上了幸福吉祥的运程，从这个角度上来看，命运是可以掌控的。

在美国，有一个年轻人，他在一个环境很差的贫民窟里长大。他的童年缺乏教育和指导，跟别的坏孩子学会了逃学、破坏公物和吸毒。他刚满 12 岁就因抢劫一家商店被强行送进教养所；15 岁时因为企图撬开办公室里的保险箱，再次被逮捕，后来，又因为参与对邻近一家酒吧的武装抢劫，第三次被送入监狱。

一天，监狱里一个年老的囚犯看到他在打垒球，便对他说："你是有能力的，你有机会做些你自己的事，不要自暴自弃。"

年轻人反复思索老囚犯的这番话。虽然他还在监狱里，但他突然意识到的生活不是在监狱里。他能够选择出狱之后干什么；他能够选择不再成为恶棍；他能够选择重新做人，当一个堂堂正正的垒球手。

一次，底特律垒球队当时的领队马丁在友谊比赛时访问监狱，由于他的努力使这个年轻人假释出狱。不到一年，这个年轻人就成了垒球队的主力队员。

这个年轻人尽管曾陷入生活的低谷，尽管曾是被关进监狱的囚犯，然而，他认识到了在监狱里不是自己想要的生活，而要改变它并不难。出去做一个堂堂正正的垒球队员可以是自己说了算的，从此他的命运真的就改变了。

自己遭遇的好或不好的境遇都与自己的行为多少有一定的关联，所以，要相信改变目前自己所处的境遇是完全有可能的。

命运真的是可以选择的，因为它在你的掌控之中，关键在于你是否有一个明确而切实的目标。

一个年轻人在底特律生活了一段时间以后搬到了新奥尔良。他在底特律时只是一个铅管匠，努力了好多年，也没有发展起自己的事业，原因是缺乏资金。刚搬到新奥尔良的时候，他带着老婆、三个孩子和 120 美元，那是他全部的家当和资产。搬来后的第一天，他找了八家铅管公司，可是没有人愿意雇用他。

无奈之下，第二天他开始在一条长长的、繁忙的大街上一家家地寻找能雇用他的地方。那条街上有几家快餐店，他记下了窗口上张贴征聘店员广告的店名。走到路尽头时，他开始往回返，一路上去了四家快餐店，可是都没有找到工作。最后，总算第五家的经理对他有点兴趣。他向那个经理保证，他工作勤奋，而且做人诚实。那个经理告诉他，薪水不高。但他告诉经理待遇不成问题，他会为顾客提供一流的服务。

他的工作一直做得都很努力，结果在 6 个星期之后他成了那家快餐店的营业部经理。在那期间，他结识了不少顾客，根据他们的要求，他改善了服务质量，提高了工作效率。9 个月后，这家快餐店的老板把他叫到了办公室。原来这个老板除了经营餐饮业之外，还有别的投资项目，尤其是在房地产方面也搞得不错。这个老板看他的能力很强，也很敬业，就想派他去一座有 90 户的大厦当助理经理。

他当时就愣住了，然后告诉这个老板，他只当过铅管匠，对管理大厦一无所知。但老板笑着对他说："我查过你在快餐店的记录，利润增加了 83%。管理大厦与管理快餐店的道理是一样的——乐于助人、推行计划和委派。我想你一定能让大厦保持客满，准时收到房租，而且保养良好。"

结果他接受了那个工作——工资是他在快餐店时的 3 倍，还有一间漂亮的公寓。两年后，他升为了高级经理，不久以后，他就有足够的钱来开创他自己的事业——创办一家属于自己的铅管企业。

这个年轻人选择了一份很少有人愿意去做的工作，但最终却改变了自己的命运。

命运是可以掌控的，但这个结果是以我们自己的心态为前提的。每个人之间特别是受到过相同教育的人之间的能力差距并不大。然而，却在生活的道路上取得有较大差异的成就，就是由于他们对现实有着较大差异的态度所致。在挫折面前，有些人束手无策，甚至怨天尤人。而有的人则表现出无所谓，只要是自己没有真的陷入绝境一切都可以重来。

太多的时候，面对困境和灾难，我们选择的是听天由命，认为命运是不可选择和主宰的。然而一位名叫维克多·弗兰克的幸存者，用他在纳粹德国集中营的经历告诉我们："在任何特定的环境中，人们都有一种最后的自由，那就是选择自己的态度。"这位幸存者正是靠着这种最后的权利，用信念支撑着自己度过了那段身心备受摧残的岁月。

人的一生从哪里开始并不重要，重要的是你知道自己要到哪里去。即使你选择了一份最不起眼的工作，如果你能明确目标，那你就能在平凡的岗位上为不平凡的事业做好充分的准备，就能为自己的事业打下坚实的基础，等到机会来临时，一鸣惊人，从而实现自己的梦想，成为一个成功的人。

自己才是掌握命运的舵手

在人生的大海上，你就是自己命运之船的舵手。一个人未来的人生走向，要靠坚定不移的信念和踏实努力的工作造就，在这个世界上，信念是最有力量的，而努力从来都不会白费。一个人，无论他从事何种职业，处于什么地位，只要他能够做到努力拼搏，有改变自己的信念和行动，那就没有什么力量能阻止他成功。

福勒是美国一个黑人佃农的儿子，从小他就从事繁重的体力劳动，生活异常贫穷。福勒的母亲是一位不寻常的女性，在六个孩子当中，当她发现福勒有很好的资质时，就经常把他叫到自己身边，有意识地向他反复讲述这样一个道理：命运不是注定不变的，一个人也许不可以改变自己的出身，但却可以改变自己的命运，关键就是你一定要有改变自己命运的想法与行动，并持之以恒。这虽然只是一种非常简单的教育，但却在小福勒的心中深深地扎下了根。小福勒的生命激情被点燃了，改变自己命运的信念一直激励着他发愤图强。

长大以后，福勒曾挨家挨户出售肥皂长达 12 年之久，并因此获得了许多商人的尊重与赞赏。再后来，福勒的业务一天天做大，而且在他一开始工作的肥皂公司取得了控制权，他的命运也奇迹般地获得了改变。原来命运真的没有轨道，生命的版图从来都是靠自己用信念与努力绘制的。

世界首富比尔·盖茨曾经说过：“我最崇拜的成功者是洛克菲勒。”他把洛克菲勒作为自己唯一的崇拜对象。更有人说：“美国早期的富豪，多半靠机遇成功，唯有约翰·洛克菲勒例外。”

的确，洛克菲勒能从一无所有到拥有一个庞大的商业帝国是一个传奇，但事实上，这却是他持之以恒、积极奋斗的回报，是命运之神对他艰苦付出的奖赏。洛克菲勒本人也曾经对自己的儿子说过这样一句话：“我们的命运由我们的行动决定，而绝非完全由我们的出身决定。”

可见，一个人的命运如何，是掌握在自己手里的，出身只能决定我们的起点，不能决定我们的终点。对此，洛克菲勒的人生轨迹可以提供证明：

幼年时的他随着父母过着动荡不安的生活，他们总是搬迁。他 11 岁时，父亲因一桩诉讼案而出逃。此后，洛克菲勒就担起了家里生活的重担。

后来，出于对知识的渴望，他在商业专科学校学习了三个月，在学会了会计和银行学之后，他就辍学了。

出了学校的洛克菲勒刚开始在休伊特·塔特尔公司做会计助理。在工作中，他始终不忘学习。每次，当休伊特和塔特尔讨论有关出纳的问题时，洛克菲勒总是认真倾听，从中汲取知识。这让他有机会为公司赢得不少效益，得到了老板的赏识。

洛克菲勒很细心，每次在公司交水电费的时候，洛克菲勒都要逐条核查后才付款。而老板只看总金额，很快，这让洛克菲勒取得了老板的信任。

又有一次，洛克菲勒发现公司高价购买的一批货物有质量问题，他把这个问题反映给老板，从而为公司挽回了损失。老板更加欣赏他，还给他加了薪。

后来，洛克菲勒从一则新闻报道中得知由于气候原因英国农作物大面积减产，于是他建议老板大量收购粮食和火腿，老板听从了他的建议，公司因此而获取了巨额的利润。

成绩斐然的洛克菲勒要求加薪，却遭到了休伊特的拒绝，于是，洛克菲勒离开公司决定创业。他想开一家谷物牧草经纪公司，可当时他只有 800 美元，而创办一家谷物牧草经纪公司至少也得 4000 美元，于是他拉来克拉克和他一起创业，每人各出 2000 美元。洛克菲勒想办法又筹集了 1200 美元，才凑够了钱。

这一年，美国中西部遭受了霜灾，农民以明年的谷物作抵押，请求洛克菲勒的公司为他们支付定金购买生产资料。可是公司没有那么多资金，洛克菲勒从银行贷款，满足了农民的需要。经过一年的苦心经营，洛克菲勒获利 4000 美元。

后来，洛克菲勒成立了标准石油公司，经过多年的拼搏奋斗，终于使石油公司的发展进入了一个新的时代。那时，标准石油公司的一举一动牵动着国际石油市场的每一根神经。

洛克菲勒的事业生涯是从一个周薪只有 5 美元的簿记员开始的，但经过自己不懈的奋斗却建立了一个庞大的石油王国。洛克菲勒的成功并不是一个神话，他只是更懂得用行动和智慧来经营人生。他有一双发现机会的慧眼，他从为别人打工开始，就显示出了与众不同的智慧。

洛克菲勒曾告诉他儿子：“机会永远都会不平等，但结果却可能平等。”事实上，在古今中外的历史上，无论是在政界还是在商界，尤其在商界，白手起家的事例俯拾皆是，他们曾经是贫穷的，但却因为努力奋斗而拥有了自己的事业，甚至功成名就。当然，历史上也不乏富家子弟拥有所有优势，却走向失败的事例。

总之，生活中的年轻人都应该记住洛克菲勒的话——我们的命运由我们的行动决定，而绝非完全由我们的出身。每个人的起点并不能决定其人生结果。在这个世界上，不存在命运主宰人的定律，有的只是奋斗才成功的真理。我们都应该坚信，我们的命运由我们的行动决定，而绝非完全由我们的出身决定或其他什么原因来决定。

累坏自己总比放着朽坏要好

人生之路很漫长，难免会遇到很多困难，但顺畅与否，绝对取决于你的心态。如果你消极悲观，那么，任何一件小事都能让你痛苦万分；而如果你积极乐观，你会发现，挫折是一种珍贵的资源，也是一笔人生的财富。你就能从中找到前进的动力。林肯就曾对他属下的一位部长说：“我经常提醒自己：累坏自己总比放着朽坏要好。生命是要我们来享受的，如果浪费光阴去担忧自己的健康而真的想出病来，那才是真正的不幸。”生活中每一个感觉很累的人，不妨想想林肯说的这句话的含义。

日本的经营之神松下幸之助曾提及一些人为自己的失败找借口：一句“我的身体不好”或“我有这样那样的病痛”，就成了不去做或失败的理由。事实上，没有一个人是完全健康的，每个人多少都会有生理上的毛病。很多人会完全或部分屈服于这种借口，但是一心要成功的人则不然。

戴尔·卡耐基一次在海滩边上的“皇家夏威夷饭店”，认识了动物学家琼斯。后来在一次旅行中，这位动物学家不幸发生意外，他不得不锯掉一条手臂，这对经常去野外活动的他来说是个巨大的不幸。然而，即使面对这样的痛苦，他还是经常微笑着，像个健康的人一样。在一次与卡耐基会面时谈到他的残障问题，他笑着说："那只是一条手臂而已，当然，两个总比一个好。但是切除的只是我的手臂，我的心灵还是百分之百的完整也正常。我实在是要为此感谢上帝。"

多么积极的人！这样向上的心态，值得所有年轻人学习。有一句话说得好："我一直在为自己的破鞋子懊恼，直到我遇到了一位没有脚的人。"庆幸自己的健康比抱怨哪里不舒服要好得多。为自己拥有的健康感谢，能有效地预防各种病痛。

事实上，古今中外的理论和实践都证明：挫折教育可以增强我们的适应能力、磨练我们的意志、形成自我激励机制，这正是成长所必不可少的"壮骨剂"。

有个人，他一生经历的不幸比别人多很多。

在他 46 岁那年，他乘坐的飞机出了事故，他全身 65% 以上的皮肤都被烧坏了。他毫无选择地接受了植皮手术，但他没想到的是，手术居然做了 16 次，他的脸变成了一块彩色板，并且，他的手指也没有了，人也瘫痪了，只能靠轮椅行动。可出乎意料的是，就在 6 个月后，他经过刻苦的训练居然驾机飞上了蓝天。

然而，烧伤不是他厄运的结束。4 年后，在一次飞行过程中，他所驾驶的飞机失控，然后摔回跑道，他的 12 块脊椎骨全部压得粉碎，造成了腰部以下永远瘫痪。

但即使这样，他也没有消沉，他说："我瘫痪之前可以坐 1 万种事，现在我只能做 9000 种，我还可以把注意力和目光放在能做的 9000 种事上。我的人生遭受过两次重大挫折，所以，我只能选择不把挫折拿来当成自己放弃努力的借口。"

这位生活的强者就是米契尔。正因为他永不放弃努力，最终成为百万富翁、公众演说家、企业家，还在政坛上获得一席之地。

可能会有许多人对米契尔的举动不理解，他是靠忍受折磨而生活的，为什么这样对待自己呢？其实，这就是不安于命运安排的人，他宁可用坏自己，但绝不能容忍让自己锈蚀而死。的确，一个经受过如此挫折和不幸的人都不甘于让自己颓废，厄运怎么敢陪伴他呢？不要为你现在的遭遇埋怨命运的不公，实际上，世界上还有很多比你更不幸的人，想想那些更不幸的人仍旧坚强地活着，你为什么不能呢？为此，当你遇到困难时，你不妨告诉自己：

我要永远处于奋进之中。

你不妨想一下，“5·12”汶川大地震和“4·14”玉树地震”，有多少人不幸丧生！只要活着，其他什么挫折都不是挫折，什么困难都不是困难。上天给我们这么好的眷顾，我们应该不管碰到什么困难和挫折都要去积极面对，都要充满激情地面对生活。

总之，在自己有限的生命当中，若想获得一个成功的人生，不仅要积累基础知识，更要修炼自己的心性。活好当下，全身心投入到现在的生活和学习中才是基础。未来靠的是现在，现在做什么，怎样做，要达到什么目标，才能决定未来是怎样的。因此，你要记住：不要急功近利，努力、认真过好每一天，美好的明天自然就会来到。

要改变命运，先改变心劲儿

一个人的命运有时表现为一个人的处境，命运不济意味着自己的处境不好，处境不好就一定会寻思着如何去改变它。对此，我们认为一个人如何行动多数取决于他的心劲儿。因此，我们说：要改变命运，首先要改变心劲儿。

成功学大师拿破仑·希尔曾经聘用了一位年轻的小姐当助手替他整理资料、拆阅邮件，同时也负责回复商务信函。

有一天，拿破仑·希尔把助手叫到跟前，对她说：请你把我下面要说的话用打字机把它记录下来，这句话是："记住，你唯一的限制就是你自己脑海中所设立的那个限制。"

打下这句话后，女孩的内心突然划过一道亮光："这句话很有价值，我要记住它！"原来她总觉得自己只是一个助手，她的工作就是完成上司交付的任务，但现在，她决心改变这种既定的工作模式。

从那天起，拿破仑·希尔发现，自己的助手发生了某些变化。她开始在晚餐后回到办公室，主动从事原本不属于她的而且也没有报酬的工作。她有时还会主动把写好的回信送到拿破仑·希尔的办公桌上。

偶尔，她会委婉地向拿破仑·希尔提一些建议，尽管这种建议是应该由更高层次的职员来提出的。有时她还会帮拿破仑·希尔撰写个人文稿，而出乎意料的是，她竟然写得比拿破仑·希尔的秘书更出色。

很长时间以来，这位助手一直保持着这个习惯，一天，拿破仑·希尔的一个重要职位上的一位属下因事辞职，拿破仑·希尔立即让这位助手填补了这个空缺。

此后，她的职位不断得到提升，拿破仑·希尔也多次提高她的薪水。而这一切的实现，完全是靠那句颇有哲理的话，让她改变了心劲儿，从而也改变了自己的命运。

人生是介于过去与未来之间的一瞬。一个梦想的闪念可能就是改变命运的契机。

詹姆斯的父亲是一家大公司的总经理，而他则是不怎么出彩的高中生，甚至有些课程还要请家庭教师来做特殊辅导才能跟得上，对此，他自己都觉得生活很压抑。

他失落地问自己："我该怎么办？为什么我不能像父亲那样出色？"

玛丽是父亲为他请来的家庭教师，她很奇怪詹姆斯为什么总是沉默寡言。"能告诉我你为什么不快乐吗？"玛丽问道。

"我没有个性，也从未获得过成功。"詹姆斯对玛丽说，"你知道，我的父亲是一个非常成功的人，而我作为他的儿子，却非常平凡。对学习不感兴趣，几乎找不到可以让我感到自豪的事情。很明显，我是个笨蛋。"

"哦，詹姆斯，你听说过一句话吗？"玛丽问，"世界上没有笨蛋！这是我的老师告诉我的，而我现在把这句话告诉你！每个人的智商都不一样。但上帝是公平的，或许你不擅长某些东西，但总有你擅长的，只不过有的时候，你自己没有发现而已。”

玛丽接着说：“你现在还做不出你父亲的业绩，那是正常的，因为你没有你父亲那样的阅历，等你长大了成熟了，掌握了一定的本事，就有可能超过你的父亲。现在如果你愿意，我可以带你去一个好玩的地方。你一定还没有尝试过飞翔的感觉吧？”

“好吧，也许你说得对。”詹姆斯说。

“好棒的感觉！”当他走出飞行学校时，他兴奋地对玛丽说道，“我擅长飞行，仿佛我天生就有这种本领。我要把一切都投入到这疯狂的追求中，并由此获得自信心。老师，你是怎么发现我这一特长的？”

玛丽回答道：“别忘了，我是你老师。”

詹姆斯由于找到了自己所擅长的东西，他也从此获得了自信和另一番心劲儿。“我知道自己不是一个才华横溢的人，但我有一个不同寻常的能力，我会飞翔。”他常常这么对别人说。

最终的结果是詹姆斯长大后真的接管了父亲的公司，并把公司成功带到了一个全新的高度。可见，有时候，决定人能否成功的并不仅仅是他的才华，跟他的心劲儿有很大的关系。才华不够，并不代表做不成事，如果一心一意将自己的热情倾注在上面，是完全可以将事情做成的。反之，如果仅仅有超越一般的才华，而没有把事情做好的心劲儿，就很难把事情做好。

选择了就要坚持到底

绝大多数的成功都不是不经努力就可唾手可得的，有一首歌叫“不经历风雨怎么见彩虹”，同样不经拼搏也斩获不了成功。

有成功就有失败，这是亘古不变的规律。在杰出人士的眼里，失败丝毫不影响自己向成功进发的势头，相反失败还可激发自己更强的斗志，它提醒自己还存在某种不足。寻找到缺口并将其补上，你的经验、能力与智慧都会得以提升，距离成功也就越来越近。

凡是想成就大事的人，都需要一种坚持到底的精神，无论面前的困难有多大，只要有坚持到底的精神，任何困难都是可以克服的。很多人缺乏这种坚持到底的精神，最后无法获得成功。

人间正道是沧桑，它提醒着人们饱含风霜的生活是一种常态。因此，我们要有经受压力和坎坷的心理准备，只有我们战胜了成功路上的所有艰难险阻，才能拿到属于我们的胜利果实。

有一位叫田欣的女大学生毕业后做了一名网站编辑。工作前，她对编辑工作充满了向往，觉得自己能成为一个文化工作者，那是无比的幸福。然而，现实与理想的差距让她非常失落。编辑工作并不像她想象的那样浪漫，相反却非常辛苦，需要白天和晚上轮流倒班。这种工作模式使她疲惫不堪。虽然工作不是很理想，但凭借出众的工作能力，田欣的工作依然得到了领导和同事的认同和赞赏。

在工作期间，领导发现她工作能力很强，于是给她的工作又加了分量，而她通常都能出色地完成。但由于她刚工作不久，所以工资水准很低，她觉得很委屈，整天抱怨工资低，她对同事们说："我拿着1500的工资，却做着3500的工作"。

看着很多工作能力不如自己的同事都比自己工资高，她在工作中开始懈怠，只是为了应付工作而已。后来她实在难以忍受自己遭受的"不公"，决定辞职，当时好朋友劝她留下来，坚持一下就可能加薪了，但她最终还是选择离开了。

辞职后一直没找到理想的工作，只好赋闲在家，没有目标、没有工作，她开始变得焦虑起来。特别是从同事那里得知，她走后不到一个月，员工们的薪水已经涨了两次。同时，还告诉她，当时领导正研究让她担任娱乐栏目的副组长职务，如果定下来的话那她的薪水要翻好几倍，可是就在那个关键的时候，她却提出了辞职。田欣听了这些，也只有后悔的份儿了。

案例中的田欣与成功擦肩而过，主要是她缺乏一份坚持的精神。实际上，那段最苦的日子已经度过了，但是在即将加薪升职时却错误地离开了，她真是后悔莫及，可是又有什么用呢。有的时候，成功与失败也就是耐力的较量，可能距离成功只差一步之遥，但是你只要在成功面前停止了，那依然是失败的。

在生活当中，有些人往往是只看到希望却不知争取，结果只能半途而废。正如马云所说："今天很残酷，明天更残酷，但后天很美好，绝大部分人死在明天晚上。"

小王是一名自动化专业的毕业生，毕业后应聘到一家石油单位工作，在实习期间他被派到一个海上钻井队，在钻井队，他负责一些"杂活"。

上班的第一天，一个领导让他拿着一个盒子送到钻井架顶层的主管手中。他小心翼翼地拿着盒子往上爬，登上顶部时已经气喘吁吁了，而主管仅仅在盒子上签了自己的名字，然后再叫他拿回去交给那个领导。

过了一会儿，那个领导又叫他做同样的事情，他依旧按要求做了，这一次主管也只是在盒子上签了名就交给他。就这样连续做了三遍同样的事情，三趟完成下来，他已经全身是汗，两腿发颤。尽管在他看来，这是一种无厘头的折腾，但还是忍住了，没让怨气发出。

接着那个领导又叫他跑第四趟，当他送达钻井架顶层时，主管叫他把盒子打开，他打开盒子，发现里面竟然是两个玻璃罐，一罐咖啡，一罐咖啡伴侣。他此时再也忍不住心中的愤怒了，觉得自己受了嘲弄，直接将盒子摔到地上。

此时，主管站起身来说："其实，你今天所做的这些都是你工作中的极限训练，因为我们在海上工作，每天都要承受恶劣环境，大风大浪随处可见，如果没有坚忍不拔的精神，将无法坚守在岗位上。你前面三次都做得很好，而第四次却放弃了，就差那么一点点，你就通过考验了，但是你没有做到，你无法胜任这项工作，所以，很遗憾这里不需要你了！"

成功与失败往往只有一线之隔。小王在近乎成功的路上放弃了坚持，也由此放弃了成功。有些时候，生活中的很多困难会让人痛苦不堪，因为它让人失去人性本身的快乐。但我们需要承受这样的痛苦，然后才会享受到成功带来的幸福，而遗憾的是我们往往就差那么一点点。

大文学家苏轼说："古之成大事者，不唯有超世之才，亦必有坚忍不拔之志气。"是的，很多时候，让人疲惫的并非远方的风景，只是脚下的一粒沙子，面对这粒沙子带给我们的痛苦，如果可以多坚持坚持，也许就能成功了。

做事不能懈怠和敷衍

世界上不存在真正的完美，但应该有一个追求完美的心态，并把它当作一种生活习惯。虽然很多人都有远大的目标，但是在具体落实时，由于缺乏对完美的执着追求，凡事觉得“差不多”即可，结果由于落实的偏差，导致“差不多的计划”到最后变得面目全非。

正因为有了这些“差不多就行了”的借口，许多曾经拥有远大理想的人最后也只是平庸地过完一生。实际上，不管是企业还是个人，目标再辉煌，如果不能很好地把它落实到实际行动中，即使再完美的计划也会被搁浅，最终导致失败，可见，“差不多”其实“差远了”。

著名思想家、作家胡适曾写过一篇小说，小说的名字就叫《差不多先生传》，差不多先生是其主人公，差不多先生的名字的由来就是因为他对什么事都马马虎虎，做得差不多就行而来。他妈让他去买红糖，他却买了白糖回来，他妈骂他，他还不服气，说都是糖差不多就行呗。上学时，老师问他直隶省的西边是哪个省，他回答是陕西，老师批评他错了，告诉他是山西，他还反驳说，陕西和山西不是差不多吗？最后差不多先生得了病，没找到大夫，别人为他请来了一个兽医，他想不管是给人看病的还是给牲畜看病的反正都是医生差不多，结果被治死了。

现实生活中也有很多差不多先生。你说他违章，他说别那么认真，差不多就行了；你说他工作不认真，他说没必要那么较真儿，差不多就行了。如果在工作中总是以“差不多”为准绳，用不了多久就会差很多了。做任何事情都是一样的道理，好就是好，如果差不多，那就一定存在着改进的空间！

差不多，差多少算多呢？差 1% 不多吧？可就是这 1%，甚至更小，就可能导致天大的事故。1989 年美国“哥伦比亚号”航天飞机爆炸事故，就是由于助推火箭燃料存储箱的一个几美元的橡胶垫不合格所致，7 个宇航员的生命，几十亿美元的财产，瞬间化为乌有！

因此，一个人要追求不管是事业上的成功还是整个人生的成功，都需要认真地做好每一个细节，不出半点差错，才能最大程度保证成功。

稻盛和夫是日本经济界有名的企业家，他 27 岁就创办了京都陶瓷株式会社。他成为一名成功的企业家后，在日常的管理中，十分重视对员工工作态度的管理，他要求所有员工认真面对工作，学会融会贯通，把各种理念与经验有机结合，进而提升自身工作能力，让自己成为企业中的精英。

稻盛和夫小时候害怕劳动，觉得在劳动中遭受苦难是令人难以接受的事情。他在孩童年代，父母就对他说要学会面对各种苦难。而当时调皮的稻盛和夫总是与父母对着干，甚至说：“如果非要面对苦难，我宁愿什么都不做。”

虽然他小时候害怕吃苦，不过，当他步入职场，最后成为一个成功的企业家，他依靠的还是吃苦的精神。而且，无论是做什么事都会要求自己一定要仔细认真。在他的职场经历中，曾经就凭借认真的精神品质扭转了困难的局面。

稻盛和夫曾任职于日本的一家陶瓷企业，企业的发展状况在当时算是比较好的，但在他任职的时期，企业遭受到了经济危机，濒临倒闭的边缘，因此，很多职员对企业失去了信心，每天漫不经心地工作，总是牢骚不断，希望跳槽到更好的企业。

当时，稻盛和夫是凭借大学老师和这家企业老板的交情才进入到该企业，但是开始他也是年轻气盛，不知道珍惜眼前的工作机会，与其他人一样满腹牢骚。不过，尽管在企业困难时期，许多员工相继辞职了，稻盛和夫却留了下来。

企业经济不景气的现状让人很头疼，稻盛和夫也曾无数次想过离开这家企业，他常常想，自己跳槽到其他企业不一定能成功，同时，留在企业又难以改变自己的生活。他思考着自己的未来，他不知道在“辞职”和“留守”之间如何抉择。

稻盛和夫想：如果自己选择辞职，那就得想出一个合理的理由，但是当时根本没有任何可以辞职的借口。因为家族原因和其他方面的压力，稻盛和夫决定再咬牙坚持坚持，而且要埋头工作，不再出现任何牢骚与怠慢，全力以赴，把所有心思都投入到工作中去。

在此期间，他的具体工作是研究尖端陶瓷材料。他每天都以极度认真的态度面对工作，昼夜不分地搞研究，为了节省时间，他所有的吃住都在实验室里，每天工作废寝忘食。他极度认真的工作态度，也让他的思路逐渐明晰起来。

搞研究不能闭门造车，只有时刻学习，保持创新的理念，才可能研究出新的东西。为此，稻盛和夫省吃俭用，利用积攒下来的钱购买了许多有助于陶瓷材料研究的书籍，除了工作时间外，他把能利用的时间都利用起来认真学习理念知识。

经过长期仔细认真的研究和不断的努力，他最后研制出非常先进的陶瓷材料，优秀的成果接连不断问世。因为技术不断的创新，该企业的经济效益越来越好，他本人以及他的研究也得到了业内的认可。

可见，稻盛和夫最后的成功，不只是缘于对企业的忠诚，勇于吃苦耐劳的精神，更主要的是他积极认真的做事态度。他学会从工作中寻找乐趣，每天把心思都投入到工作中，以至于没有时间思考其他事情，这也减少了他的孤独感和痛苦感。正是这样的积极态度，让他度过了最艰难的时期，逐渐迈入到一个良性循环的状态。

工作中难免会面对各种困难，越是困难的时期越要努力工作，敢于挑战极限，以最饱满的精神状态面对一切，将一切“不可能”变为“可能”。

无论未来的路是怎样的，但你只需记住关键的一点：既然坚定了努力的方向和目标就不能懈怠，不能敷衍，而是认认真真地做好每一项与总目标有关的工作。即便可能失败，但一定会积淀下丰厚的根基，为最终的成功打下良好的基础。